你就是不会放下

给自己的心灵松绑

郑一◎编著

U0896437

国家一级出版社 中国纺织出版社 全国百佳图书出版单位

内 容 提 要

人的痛苦往往不在所得的太少，而是想要的太多。想要获得快乐，就要学会放下。放下怨念，放下执着，放下不甘，才能享受随缘随喜的解脱生活。

书中全面讲解了放下的智慧以及解决痛苦、逃离困境的方法，教会读者放下爱恨情仇，活得洒脱自在，放下功名利禄，活得一身轻松，放下生老病死，让自己活在当下。

图书在版编目(CIP)数据

你就是不会放下：给自己的心灵松绑 / 郑一编著
. --北京：中国纺织出版社，2017.12（2023.1重印）
ISBN 978-7-5180-4293-7

Ⅰ.①你… Ⅱ.①郑… Ⅲ.①人生哲学—通俗读物
Ⅳ.①B821-49

中国版本图书馆 CIP 数据核字(2017)第 272789 号

责任编辑：闫 星　　特约编辑：王佳新　　责任印制：储志伟

中国纺织出版社出版发行
地址：北京市朝阳区百子湾东里 A407 号楼　邮政编码：100124
销售电话：010—67004422　传真：010—87155801
http://www.c-textilep.com
E-mail:faxing@c-textilep.com
佳兴达印刷（天津）有限公司印刷　各地新华书店经销
中国纺织出版社天猫旗舰店
官方微博 http://weibo.com/2119887771
2017 年 12 月第 1 版　　2023 年 1 月第 3 次印刷
开本：710×1000　1/16　印张：13
字数：240 千字　定价：36.80 元

凡购本书，如有缺页、倒页、脱页，由本社图书营销中心调换

PREFACE

【序言】

生活中的你，可能会发现，在我们周围有这样一些人，他们为了利益与人争吵不休，有些人为了名利和他人争来夺去，也有一些人因为鸡毛蒜皮的小事与人拳脚相向……他们的生活充满着怨气，矛盾和纠葛，他们总是为难别人，也为难自己，他们常常问自己：为什么别人拥有那么多？为什么我会失去那么多？为什么我命运坎坷、别人的生活却幸福美满？为什么他不爱我？在计较和强求中，世界越来越繁忙浮躁，心灵垃圾也越来越多。

然而，在纷扰的尘世中，也有这样一些人，他们风轻云淡，宠辱不惊，淡然以对。他们拥有驾驭内心的强大力量，能超然物外，坦然面对名利、诱惑、挫折。他们从不计较，更不强求，面对人生浮沉，能做到不急不躁、不温不火、心平气和、波澜不惊，心不为世俗所扰，身不为物欲所驱。

诚然，人生苦短，不如意乃至劫难很多，假如我们把这些沉重的包袱都背在身上行走，那么肯定会很累，甚至有一天可能会走不动。这时需要学会放下，这并不是不求上进，恰恰在于懂得放下的人最终才会赢，更重要的是，只有放下了，才能放自己一条生路，也放别人一条生路，只有放下了，你才会真正找到解决问题的方法。

不得不说，人生的一切烦恼，归根结底在于人们没有学会放下，放不下沉重的欲望，放不下失败的重担，放不下斤斤计较的心，从而使身心越来越累。所谓“智者无为，愚人自缚”，人们通常喜欢给自己的心灵套上枷锁，这时“放下”就是一种解脱的心态，一种清醒的智慧。唯有放下，我们才会有顿悟之后的豁然开朗，重负顿释的轻松，云开雾散之后的阳光灿烂。

本书涵盖了人生哲理、情感、处世等诸多方面的内容，阐明放下对于人生的重要意义，旨在告诉我们快乐需要有平常的心境。的确，唯有放下，顺应自然的规律，接受现状把握好自己的情绪，提高情商，快乐自然常驻。

编者著

2017年8月

CONTENTS 【目录】

第一章　大度为人，放下一己之私，拓宽你的人生路 / 1
有了对手，才有危机感 / 3
放下一己私利，谋得大家之快 / 6
学会谦让，才能享受到生活的馈赠 / 9
放下面子，才能赢得成功 / 11
放下私心，合作才能做成事 / 14
放下仇恨，人生之路会越走越宽 / 16

第二章　潇洒人生，放下输赢得失，人生才更舒心 / 21
潇洒立于世，看淡得失输赢 / 23
学会放下，才能得到属于自己的快乐 / 25
退一步海阔天空 / 27
不以得为喜，勿以失为忧 / 29
放下虚伪，做最本真的自己 / 32
放下名利，享受淡泊的人生佳境 / 34
失意时要懂得给自己宽心 / 37

第三章　凡事随缘，爱要轻松才舒心，放下才会幸福 / 41
被恋人误会时不必纠结 / 43
原谅那些伤害你的人 / 45
凡事随缘，感情不能强求 / 47
放下纠结，让伤痛成为过去 / 50
真心相爱，又何必斤斤计较 / 52

放下伤痛，懂得宽容 / 55
放下束缚的爱，是对自己的成全 / 58

第四章　戒除消极心态，人生不如意十之八九，放下才能快乐 / 61
人活着，就不必太较真 / 63
越是抱怨，越无法真心感受幸福 / 65
别总把悲伤的事放在心上 / 67
不必为小事自生自气 / 69
放下紧张，人生需要一颗轻盈的心 / 71
自我安慰，退一步看待人生的不顺 / 74
不如意时，别垂头丧气 / 76

第五章　挣脱心灵束缚，放下就是给你的心灵松绑 / 79
放下心理压力，给心灵放放风 / 81
宽容别人就是宽容自己，给心理松绑 / 83
既已发生，悔恨与自责无济于事 / 85
放下猜忌，方能赢得真诚的友谊 / 88
人生逆境，看开才快乐 / 90
与人攀比，徒增自己的烦恼 / 93
放下虚荣心，让心安宁 / 95

第六章　豁达胸怀，放下"想不开"方能收获幸福 / 97
放下是坦然接受生活给予的一切 / 99
拿得起放得下，人生才更从容 / 101
善待压力，才是快乐生活的良方 / 103
放弃是一种洒脱的从容 / 105
吃点小亏，是福不是祸 / 107
淡然面对人生不平事 / 110

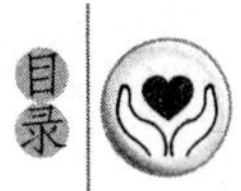

做人要有福祸自便的心境 / 112

第七章　镇定自若是放下杂念的非凡胆识，举棋若定方能赢得大局 / 115

任何事情都要审时度势 / 117
身处险难之中，冷静应对 / 120
有勇气，才能成大器 / 122
有胆有识，是成功者的必备条件 / 125
关键时刻从容淡定，方可出现奇迹 / 127
临危不惧展现强者风采 / 130
不受情绪影响，方能化险为夷 / 133

第八章　放下是进退之间的准确把握，适时进退方能获得大利益 / 137

人无远虑，必有近忧 / 139
从容者高瞻远瞩，运筹帷幄 / 142
放下杂乱无章，有计划人生才更从容 / 144
进退得宜显从容 / 147
自在思考，不受思维定式束缚 / 150
做事分清轻重缓急，提升效率 / 152
放下三分钟热度，贵在坚持 / 155

第九章　放下是知足常乐的心态，清心寡欲方能超然自得 / 159

放下贪欲，路就在你的脚下 / 161
淡泊名利才能收获幸福的真谛 / 163
放下攀比心，制造专属味道 / 166
不要苛求生活，不完美的才真实 / 168
看淡成败，还心灵一片净土 / 171
用平和心态开拓人生 / 173
对生活知足，内心方能安定 / 176

第十章　放下是怡然自若的洒脱，达观知命方能永不迷失 / 179
淡定立于世，有所为有所不为 / 181
放下失败的负担，学会在跌倒处站起来 / 183
把握分寸，也就是把握从容做人的艺术 / 186
放下张扬的个性，做人要懂得收敛 / 189
对生活充满热情，让精神归属快乐 / 191
摔倒了几次，就要爬起来几次 / 194
给生活一个笑脸，给自己一个安慰 / 197

参考文献 / 200

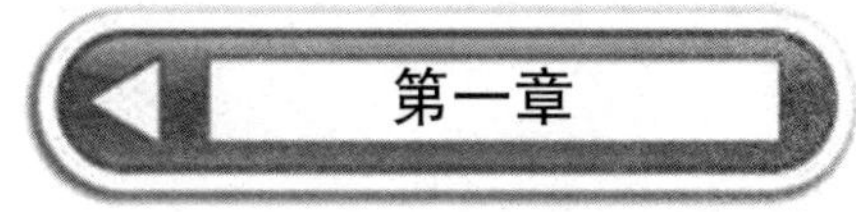

大度为人，放下一己之私，拓宽你的人生路

世界之大，每个人都只是其中的一粒尘埃，个人的力量何其微小。一个人如何能将自己的力量发挥到最大，如何让自己拥有竞争的优势，如何让自己的人生之路越走越宽，所有这些都需要我们懂得放下。放下不是放弃，而是一种豁达和睿智只有学会放下，放下利益、面子、身段、纷争、仇恨、私心、争执等，才会拥有更多的朋友，才能让自己的路越走越宽。同时，也只有放下，才能让自己真正释怀，在人际交往中保持一份恬淡的心情，收获更多的快乐。

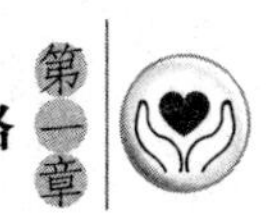

有了对手，才有危机感

面对对手，我们要有“宰相肚里能撑船”的大度，更要有“大肚能容，容天下难容之事”的胸襟，放下了，你的路反而宽了。

茫茫人海，每个人不过是其中的一叶小小扁舟。物竞天择，适者生存，一个人如何才能战胜对手，位居上风？真正聪明的人在与对手过招的时候，总会临危不乱、以退为进、以“放”为上。放下并不是放弃，而是一种豁达的竞争心态。

不必仇恨对手，有了对手，你才有危机感，才有竞争力，有了对手，你才会奋发图强，锐意进取。许多人都把对手视为心腹大患、异己、甚至是眼中钉、肉中刺，恨不得马上除之而后快。其实，只要反过来仔细一想，便会发现拥有一个强劲的对手，反而更能体现你的能力和价值。

所以，我们要善待对手，学会放下，千万别把竞争对手当成“敌人”，而应该把他当做一剂强心针，一台推进器，一条驱赶自己不断前进的马鞭。没有对手，我们的日子会平淡、苍白、孤独而悲哀。不要把对手看成敌人，用仇恨心理去对待，对手的存在其实是对自己的一种激励。

日本的北海道出产一种味道珍奇的鳗鱼，海边渔村的许多渔民都以捕捞鳗鱼为生。鳗鱼的生命非常脆弱，只要一离开深海区，要不了半天就会全部死亡。奇怪的是一位老渔民天天出海捕捞鳗鱼，返回岸边后，他的鳗鱼总是活蹦乱跳的，而其他几家捕捞鳗鱼的渔民，无论如何放置鳗鱼，回港后全都是死的。由于鲜活的鳗鱼价格要比死亡的鳗鱼几乎贵出一倍以上，所以没几年工夫，老渔民一家便成了远近闻名的富翁，周围的渔民做着同样的营生，却只能一直维持简单的温饱。老渔民在临终之时，把秘诀传授给了儿子。原来，老渔民使鳗鱼不死的秘诀，就是在整仓的鳗鱼中，放进几条叫“狗鱼”的杂鱼。鳗鱼与狗鱼非但不是同类，还是有名的“对头”。几条势力单薄的狗鱼遇到成舱的对手，惊慌地在鳗鱼堆里四处乱窜，这样一来，反倒把满满一舱死气沉沉的鳗鱼全都激活了。

鳗鱼在没有对手的时候，就失去了生存的动力，可见对手并不是敌人。从这个故事中我们得知，对手使我们变得强大，对手是我们成长的助推器。面对对手，我们要放下执念，不要把对手当成敌人，善待对手就是善待自己。面对对手，我们应该用一颗平常心，真诚地去感谢他们，因为他们磨砺了我们的意志，增进了我们的智慧，激发了我们的潜能。

因此，在面对对手的时候，我们一定要沉得住气，以无招对有招。即使对方有过激的语言或举动，我们也要放下争斗之心，稳定心神，沉着应对。

日本东京曾经有一个武功高强的武士，尽管他年纪很大了，但在和人交手的时候，仍能次次获胜。他是很多武林中人敬仰的对象。

一天晚上，一位年轻力壮的武士前来拜访。这个武士不但武功高强，而且胆大妄为，祸害一方。他和人比赛的时候，经常先用各种方式将对手激怒，逼得对方在忍无可忍的情况下先出手，然后他抓住这一时机，平静而仔细地观察对方的漏洞，一旦抓住对方的弱点，就以迅雷不及掩耳之势进行反击。因为使用了这种招数，再加上自己的超常武功，年轻武士在和人交手时，也从未败过。

年轻武士久仰老武士的声名，却因为年轻气盛，仍不把他放在眼里。他这天前来拜访的目的就是踢馆，想借此来提高自己的声望。弟子们担心他年龄太大，不是年轻武士的对手，都纷纷劝他不要接受挑战，或者挑选自己的年轻弟子迎战。可是，他接下了对方的战帖，并决定亲自出战。

两大高手比赛的消息不胫而走，人们纷纷来到市区的大广场前，观看这场不同寻常的比赛。

比赛开始了，年轻武士像往常那样，开始侮辱老武士，对他扔石头和香蕉皮，还往他脸上吐口水，用脏话侮辱他，想以此来激怒他，但老武士不为所动。

这样折腾了好几个小时，老武士始终不为所动，既不生气，也不抢先出手。这是年轻武士从来没有遇到过的情况，他骂得嗓子都哑了，精疲力竭，已经没有力气和勇气向老武士进攻了。最后，血气方刚的武士不战而退，灰溜溜地逃跑了。

回来后，老武士的弟子们都气不过，纷纷问道："师傅，您为什么不好好教训一下那个狂妄自大的家伙呢？""就是！那个小子太过分，师傅您怎么能忍受？再说，这样也有损师傅您的声名。"

面对弟子们的责问，老武士没有辩解，反而问道："假如有人带着礼物来见你，你不接下礼物的话，礼物归谁？"

弟子齐声回答道："当然是归送礼的人。"

老武士微微一笑，说道："嫉妒，愤怒和侮辱难道不是同样的道理吗？假如这些东西你都拒收，他们还是归对方所有。"

最后，老武士说："从对招的角度来说，他是有，我是无，无招胜有招。"

弟子们听了这番话，才明白了师傅的用意，也从中领悟到了许多道理。

有时候，你的对手做出种种过分的举动就是为了让你愤怒，让你失去理智，从而抓住你的弱点击败你。你若放不下，就会正中对手的下怀。放下并不是认输，而是一种坦然的态度。

面对对手，我们要有"宰相肚里能撑船"的大度，更要有"大肚能容，容天下难容之事"的胸襟。放下了，你的路反而宽了。

面对对手，不要吝啬我们的赞美。善待对手就是善待自己。我们的对手带给我们一笔无形的财富，改变了我们的心态，激起了我们的青春活力。更重要的是，由于对手的存在，我们学会了怎样成长，学会了如何生活，学会了怎样成为一个坚强的人。

感谢对手给了我们成长历练的机会，给了我们克服困难的勇气以及战胜困难的信心。所以，面对对手，放下仇恨，放下一味地竞争，放下忌妒和怒气。在与对手过招中，你的心才能坦然，你的路才会越走越宽，你才能真正赢得成功。

放下一己私利，谋得大家之快

真正有智慧的人，在对待他人时都知道应该平等待人，即使是一个多么平凡的人。

每个人都生活在一定的社会群体中，都不可能做到“与世隔绝”。生活也不完全是为自己而活，还有他人。每个人在任何时刻都不要忘记修炼自身魅力，而这魅力的增加有赖于品位修养的提高，智慧之人能够从内到外修饰自己，增强自己的气质风度，而处世智慧就是自身修养的一个很重要的部分。真正有智慧的人，在对待他人时都知道应该平等待人，即使是一个多么平凡的人。

人们生而平等，每个人的人格也都是平等的，没有贵贱之分。对人不尊敬，首先就是对自己的不尊敬。

世界著名的文学家萧伯纳有一次到苏联访问，在街头遇见一个聪明伶俐的小姑娘，就和她一起玩耍。离别时，萧伯纳对小姑娘说：“回去告诉你妈妈，今天和你玩的是世界著名的萧伯纳。”不料，那个小姑娘竟学着萧伯纳的语气说：“你回去告诉你妈妈，今天和你玩的是苏联小姑娘卡嘉。”这件事给萧伯纳很大的震动，他感慨地说：“一个人无论他有多大的成就，他在人格上和任何人都是平等的。”

这是一个小故事，但却告诉我们，即使是世界文豪萧伯纳，在人格上也与一个小姑娘无异。的确，我们应该明白，要做到具有人格魅力，不论你有多大的成就，都应该放下架子平等待人。

只有尊重别人，你才会获得对方同等的尊重。在英国还有这样一个故事：

一次，女王维多利亚忙于接见王公，却把她的丈夫阿尔倍托冷落在一边。丈夫很生气，就悄悄回到卧室。不久有人敲门，丈夫问：“谁？”回答：“我是女王。”门没有开，女王又敲门。房内又问：“谁？”女王和气地说：“维多利亚！”可

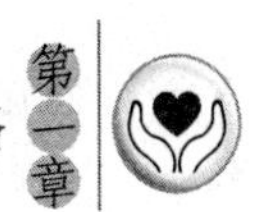

是门依然紧闭。女王气极，但想想还是要回去，于是再敲门，并婉和地回答："你的妻子。"结果，丈夫马上笑着打开了房门。

维多利亚女王是个很伟大的女性，可是在丈夫面前她只是一个妻子，她和她的丈夫是平等的。

而当今社会很多人仗着自己拿着高收入、拥有可以炫耀的资本，就自认为高人一等，面对他人，他们也总是摆出一副"人上人"的姿态，这样的人也很难获得别人的尊敬。

她是个高傲、自信且美丽动人的女人，她月薪1万，在一家外企公司做事。

都说二十几岁是女人的黄金年龄，而她已经33岁了。她的同龄人都已经是八九岁孩子的妈妈了，但她还是孑然一身。她常常会在心里自嘲："我是一个自由的单身贵族。"不是没有人追求她，而是她总固执地告诉自己：一定要找到自己最中意的男人，找不到就永远不结婚。正是这种信念支持着她一直到现在。

她是一个外企的职员，收入颇丰，但她还是不满意自己的现状，总想着要重新去找一份工作，重新开始一种生活，她已经厌倦了这里的一切。同事关系是其中一个因素，在公司她没有要好的女同事，也找不到人和她聊天。不知道是因为在一起时间长了还是彼此道不同不相为谋，她总觉得她们世俗得可怜。对待身边的亲戚，她永远是敬而远之，永远是那种鄙视的眼神。对待周围所发生的一切，她也常常会嗤之以鼻……久而久之，她的这种做派招来了同事的疏远、主管的找茬，可她还是不愿意改变自己。但是最近发生的一件事让她终于明白，原来自己错了很久。

有一天，她和平常一样，穿着价值三千多的真丝连衣裙出门准备上班，虽然她知道大家还是不欢迎她，可是她才不会去管这些，没必要和那些世俗的女人计较……

正想着这些的时候，她惊叫了一声："啊——"因为环卫大妈的扫帚扫到了自己的裙子上，一个脏脏的印子落下了。

今天还怎么上班？一想到去了办公室会被人笑话，她便把所有的责怪发泄在了环卫大妈身上。

“你是怎么扫地的，不会看着点啊？我的裙子很贵，这样，我怎么去上班？”一连串的话从她的口中冒出来。

“对不起，小姐，刚刚是你自己撞在了我的扫帚上的，不过我会赔的，要不我给您擦擦？”老人从口袋里掏出一块手绢正要给她擦，她下意识地往后一躲。

“别让你的脏手碰到我的衣服，越擦越脏。你赔？你怎么赔？就这样赔吗？”

“我这里有300块钱，要不重新买一件吧，应该够了吧。这是我刚发的工资。”

“300？我这衣服3000，像你这样的工作赔得起吗？你说怎么办吧。”

老人真不知道怎么办了。这时候很多人围了上来看热闹。她从人群中听到一些话：

“这么漂亮的姑娘怎么这样啊，不就一件衣服，至于吗？”

“是啊，即使是女王也不能对一个老人这样啊，况且好像还是个知识分子呢。”

“人和人之间是平等的，职业也没有高低贵贱之分啊。”

听到这些话后，她感觉脊梁骨被人戳了一下，趁着慌乱，忙不迭地“逃走”了。

她是个美丽的白领，本应受到社会的尊敬和羡慕，可是她的行为却招来了人们的愤慨和谴责。她觉得自己高人一等，因而瞧不起别人，不能给予别人适当的尊重，自然也无法获得别人的尊重，反而让自己落入尴尬境地，难以收场。

人生智慧背囊里有一个秘诀，那就是待人接物要平易近人，温和谦逊。尊敬他人，就是尊敬自己。不论你有多伟大，多成功，都应该放下架子，平等待人，这样你才会拥有别样的人格魅力，才会受到他人的尊敬和赞美。相反，如果你趾高气扬，不可一世，即使社会地位再高，事业再成功，你也会被人“瞧不起”，因为你在人格上失败了。所以，真正的智者知道如何对待身边的每一个人，知道如何用自己的人格魅力去征服别人！

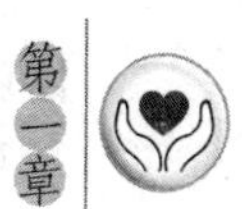

学会谦让，才能享受到生活的馈赠

学会了谦让，你才能真正享受生活的馈赠，从而让美的东西不会因为我们的存在而黯然失色。

我们成长的每一个台阶都包含着理性的修炼，处事智慧是我们的“必修课”。我们不仅仅生活在自己的小世界里，在与人相处的过程中，我们要学会放下，学会谦让，你并不会因为这样而失去什么，相反，你会从中得到更多的机会。

谦让是一种美德。“孔融让梨”的故事中，4 岁的孔融因为主动让梨，受到了大人的夸奖并被世人传诵。《礼记》中有一句话说得好：“德者，得也。”意思是，有德的人必然也会有所得。当然，得到的不是金银之类的东西，而是做人的高风亮节和他人的尊重。

谦让，顾名思义，谦虚地礼让或退让。然而，谦让并不是一味地退让、逃避。东晋葛洪说：“劳谦虚己，则附之者众；骄慢倨傲，则去之者多。”你的谦让会让你获得更多：心性的提高，受到别人的尊重和爱戴。

谦让并不是放弃，而是为自己赢得更多的机会。“退避三舍”的故事也说明了这个道理。

春秋时候，晋献公听信谗言，杀了太子申生，又派人捉拿申生的异母兄长重耳。重耳闻讯，逃出了晋国，在外流亡 19 年。

经过千辛万苦，重耳来到楚国。楚成王认为重耳日后必有大作为，就以国君之礼相迎，待他如上宾。

一天，楚王设宴招待重耳，两人饮酒叙话，气氛十分融洽。忽然，楚王问重耳：“你若有一天回晋国当上国君，该怎么报答我呢？”重耳略一思索说：“美女侍从、珍宝丝绸，大王您有的是，珍禽羽毛，象牙兽皮，更是楚地的盛产，晋国哪有什么珍奇物品献给大王呢？”楚王说：“公子过谦了，话虽这么说，可总该对我有所表示吧?”重耳笑笑回答道:“要是托您的福,果真能回国当政的话,我愿与贵国友好。假如有一天,晋楚之间发生战争,我一定命令军队先退避三舍(一舍等于三十里),如果还不能得到您的原谅,我再与您交战。”

4年后,重耳真的回到晋国当了国君,他就是历史上有名的晋文公。晋国在他的治理下日益强大。

公元前633年,楚国和晋国的军队在作战时相遇。晋文公为了实现他许下的诺言,下令军队后退90里,驻扎在城濮。楚军见晋军后退,以为对方害怕了,马上追击。晋军利用楚军骄傲轻敌的弱点,集中兵力,大破楚军,取得了城濮之战的胜利。

“退避三舍”比喻不与人相争或主动让步, 但这种让步却赢得了更大的胜算。相反,如果你不懂得谦虚礼让,生活中的一个骄傲自大的细节可能就会让你付出惨重的代价。

有一个女博士被分到一个研究所里,成为所里学历最高的一个人。有一天,她到单位后面的小池塘去看鱼,正好有两个同事在她的一左一右钓鱼。“听说他俩也就是本科生学历,有啥好聊的呢?”这么想着, 她只是朝两人微微点了点头。不一会儿,一个同事放下钓竿,伸伸懒腰,蹭蹭蹭从水面上如飞似的跑到对面上厕所去了。

博士眼睛睁得都快掉出来了,“水上漂? 不会吧? 这可是一个池塘啊!”同事上完厕所回来的时候,同样也是蹭蹭蹭地从水上漂回来了。“怎么回事?”博士生刚才没去打招呼,现在又不好意思去问,自己是博士生哪! 过了一会儿,博士生也内急了。这个池塘两边有围墙,要到对面厕所得绕10分钟的路,而回单位上又太远,怎么办? 博士生也不愿意去问同事,憋了半天后,于是也起身想往水里跨,刚好,另外一个同事也准备起身上厕所,她一看,不能失了面子,赶在同事前面跨出水面。心想:“我就不信这本科生学历的人能过的水面,我博士生不能过! 我还让你不成?”

只听“扑通”一声,博士生栽到了水里。两位同事赶紧将她拉了出来,问她为什么要下水,她反问道:“为什么你们可以走过去,而我就掉水里了呢?”两同事相视一笑,其中一位说:“这池塘里有两排木桩子,由于这两天下雨涨水,桩子

正好在水面下。我们都知道这木桩的位置，所以可以踩着桩子过去。你不了解情况，怎么也不问一声呢？”

恰好这一幕被池塘另一端钓鱼的所长看见了，博士生在当年的单位评级中名落孙山。

女博士生虽然有高学历，可是她不懂得如何谦虚礼让，反而骄傲自大，结果在一件小事中闹了一个大笑话。

海纳百川，有容乃大；山集土壤，才成泰岳。不为小事和别人争来夺去是大胸襟之人的本色，退一步方能海阔天空，谦让能化干戈为玉帛，生活中很多误会和争执也自会消解。

学会了谦让，你才能真正享受生活的馈赠，从而让美的东西不会因为我们的存在黯然失色。家里有了谦让，会使一家人其乐融融，互敬互爱；社会中有了谦让，会使我们更加团结友爱，互相理解。

聪明的人在为人处世的时候，不会摆出“高人一等”的姿态，不会为了一点小事和别人斤斤计较，而是懂得礼让待人。谦让是一种修养，谦让是一种美德，谦让背后暗藏着更多的机会。所以，我们应该放下身段，学会谦让，这样才会获得更多的朋友。人生的路是自己走出来的，学会放下，学会谦让，别人才会帮你把人生的路越铺越宽！

放下面子，才能赢得成功

面子只是一种自我感受，它是人们的虚荣心作祟的结果。面子会使人们贪慕虚荣，盲目攀比，疲惫不堪。而当你放下面子、踏实地生活的时候，你就会轻装上阵，无欲则刚。

面子观念由来已久。在人们口中，“人活一张脸，树活一张皮”、“人争一口气，佛争一炷香”等和面子有关的俗语比比皆是。德国有位专门研究中国文化的教授马特斯说："中国人的面子，就是一种角色期待，中国人是作为角色而存在的，而不是作为人本身存在的。"生活中有些人为了面子互相攀比，铺张浪费：例如结婚时一定要大摆宴席，豪华车队，知名人士捧场，仿佛不这样就会非常没面子。工作中和同事攀比职位，攀比薪水……殊不知，你赢得了面子，却输了更多。

每个人都渴望成功，然而成功之路本就艰辛，面子更成为束缚成功的枷锁。既然如此，何不卸下这沉重的枷锁？放下面子是一种智慧的选择。放下的是面子，舍弃的是心灵重负，得到的却是成功的机会。学会放下面子，真正解放心灵，抓住机会，求得成功。"卧薪尝胆"是我国家喻户晓的典故，勾践为了等待复国机会，不也是放下了面子，忍辱负重？

春秋时期，吴、越两国相邻，经常打仗，有次吴王领兵攻打越国，被越王勾践的大将灵姑浮砍中了右脚，最后伤重而亡。吴王死后，他的儿子夫差继位。三年以后，夫差带兵前去攻打越国，以报杀父之仇。

公元前 497 年，两国在夫椒交战，吴国大获全胜，越王勾践被迫退居到会稽。吴王派兵追击，把勾践围困在会稽山上，情况非常危急。此时，勾践听从了大夫文仲的计策，准备了一些金银财宝和几个美女，派人偷偷地送给吴国太宰，并通过太宰向吴王求情，吴王最后答应了越王勾践的求和请求。吴国的伍子胥认为不能与越国讲和，否则无异于放虎归山，可是吴王不听。越王勾践投降后，便和妻子一起前往吴国，他们夫妻俩住在夫差父亲墓旁的石屋里，做看守坟墓和养马的事情。夫差每次出游，勾践总是拿着马鞭，恭恭敬敬地跟在后面。后来吴王夫差生病，勾践为了表明他对夫差的忠心，竟亲自去尝夫差大便的味道，以判断夫差病愈的日期。夫差病好的日期恰好与勾践预测的相合，夫差认为勾践对他敬爱忠诚，于是就把勾践夫妇放回越国。越王勾践回国以后，立志要报仇雪恨。为了不忘国耻，他睡觉就躺在柴薪之上，坐卧的地方挂着苦胆，表示不忘国耻，不忘艰苦。经过十年的努力，越国终于由弱国变成强国，最后打败了吴国，吴王羞愧自杀。

倘若勾践不放下一国之君的面子，倘若他还以国王自居、不肯在吴国忍辱负重，他能重建家园，一雪灭国之耻吗？

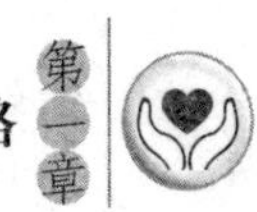

面子只是一种自我感受，它是人们的虚荣心作祟的结果。面子会使人们贪慕虚荣，盲目攀比，疲惫不堪。而当你放下面子、踏实地生活的时候，你就会轻装上阵，无欲则刚。同时，只有放下面子，当成功的机会出现在你眼前的时候，它才不致成为阻挡你成功的绊脚石。小徐的成功就是在很多人的嘲笑声中走出来的。

小徐来自湖南农村，2005 年考上重庆的一所技术学院。大二时，母亲去世，本来就不富裕的家庭更是雪上加霜。“从家里要钱要得我心疼。”为了减轻家里的负担，自小孝顺的小徐更加节约，每天早上花一块钱买三个馒头当做一日三餐。但是，没有经济收入，再节约也还是得从家里拿钱，家里已经一贫如洗了，再这样，自己也只能退学了。小徐开始寻找商机，琢磨着自己赚钱。

小徐注意到，学校的垃圾箱旁经常有一些拾荒者来捡饮料瓶。她打听到，一个塑料瓶可以卖一毛二分钱。面对商机，她的心里打起了小鼓：“我一个大学生去捡破烂，同学会不会瞧不起我？”但想到贫困的家境，她豁出去了。

就这样，小徐成了一个“学生拾荒匠”。刚开始，她只敢趁下晚自习偷偷捡几个饮料瓶，但这点收入只是杯水车薪。她决定每天晚上跑一栋寝室楼，一个一个地敲门收饮料瓶。“第一次敲门，我脸都红透了，紧张得连自己的声音都听不到，收到的瓶子也很少。”这样不是办法，她一咬牙：养活自己比面子重要，要做就光明磊落地做！于是，她放下面子开始大方地敲门收饮料瓶。面对有些同学的嘲笑，她并没有在意。一周下来，她横扫了整个学校的饮料瓶，收了近 8000 个，净赚 800 多元。

小徐总是随身带一个大书包，在学校里看到塑料瓶就捡起来装进书包里，存满一定数量后再卖掉，她还笑呵呵地对同学们自称“流动废品站”。但是，她并不满足于当“流动废品站”，为了发展废品回收业务，她又办起了一个特别的寝室小卖部。在这个小卖部里，同学们不仅可以现金消费，还能“以物易物”，用塑料瓶和旧书换等价的商品。这种新的经营模式在学校广受欢迎，每天上门“易物”的同学络绎不绝。直到大学毕业，她再也没有向家里要过钱。

一个女大学生为了完成自己的读书梦想，为了出人头地，她放下了面子，收起了破烂。因为面子不能让她吃饱饭，不能让她有书读，更不能让她很好地生存。

所谓的“面子”，不过是一种表面上的虚荣，而不是骨子里的自尊和自信。其实，面子没有你想象的那么重要。如果你把面子看得比什么都重要，很多机会就会因为你在面子上放不下而与你擦肩而过。面子不是一切，放下你所谓的面子吧，留住机会，把握机会，才能更好地赢得成功！

放下私心，合作才能做成事

不管努力的目标是什么，不管他干什么，他单枪匹马总是没有力量的。合群永远是一切善良思想的人的最高需要。

俗话说得好：“三个臭皮匠，胜过一个诸葛亮”。可见合作的重要性。合作需要团结，而团结则要求齐心协力，不能打自己的小算盘。我们在工作中理所当然也需要合作，聪明的人知道如何集大家的力量，顺利把工作完成。在这一过程中，就要多为对方考虑，摒弃自私自利的念头，才能更加团结。

在现实社会中，到处可见合作：一次手术的成功，需要医生与护士的合作；生活需要的一切，也都需要合作生产。不仅人类学会合作，就连小小的蚂蚁，在发现食物后，都会共同合作，把食物搬回“家”。它们小小的体形，居然能搬动超过自己许多倍的庞然大物。叔本华说：“单个的人是软弱无力的，就像漂流的鲁滨孙一样，只有同别人在一起，他才能完成许多事。”

有这样一则寓言：一名恶毒的农妇死了，她生前没有做过一件善事，上帝派人把她抓去，扔在火海里。守护她的天使心想，我得想出她的一件善行，好去对上帝说话，使她脱离火海。她想啊想，终于回忆起来，就对上帝说：“她曾在菜园里拔过一根葱，施舍给一个女乞丐。”上帝说：“你就拿那根葱，到火海边去伸给她，让她抓住，拉她上来。如果能从火海里拉上来，就拉她到天堂去。如果葱断了，那女人就只好留在火海里，仍像现在一样。”天使跑到农妇那

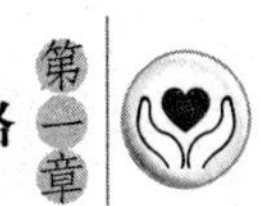

里，把一根葱伸给她，对她说：“喂，女人，你抓住了，等我拉你上来。”天使开始小心地拉她，差一点就拉上来了。火海里别的罪人也想上来，女人用脚踢开别人，恶声恶气地说：“天使在拉我，不是拉你们。那是我的葱，不是你们的。”她刚说完这句话，葱就断了，女人再度落进火海，天使只好哭泣着走了。农妇后来才知道，这葱其实是可以拉许多人的，上帝想借此再度考验她，但农妇没有经受住这一考验。

农妇始终放不下自私的恶念，不愿和别人一起被拯救，这就导致了她再次落入火海。其实，火海是她为自己设的，如果不放下自私自利，她就永远脱离不了。就像在一个团队中合作共事，如果大家都不肯放下私心，就无法真正实现合作，任何一项任务也无法顺利完成。

很多时候，你懂得合作的重要性，可是在合作的过程中，你就是放不下自私的想法，只顾自己的利益无法从对方的角度考虑问题，从而无法团结起来，也就无法真正达到应有的合作效果。

歌德说过：“不管努力的目标是什么，不管他干什么，他单枪匹马总是没有力量的。合群永远是一切善良思想的人的最高需要。”的确，只有为别人考虑，合作起来才会愉快，才能真正的团结，任何问题在强大的集体力量面前都自会迎刃而解。害怕自己在合作中会丧失利益的人，什么都喜欢斤斤计较，不理解别人的意见和想法，最终也无法得到别人的理解，终将一事无成。

有部电影中有这样的情节：六七个人被关在一间屋子里，屋里充满了毒气，每个人只有两个小时的存活时间。要想活下来，只有两个选择：第一，在这两个小时内冲出屋子；第二，在这两个小时内找到解药，也就是一管注射液。解药分散在各处，必须努力去找，不过，每个人均有一支。但是，有一支解药的位置是明确的，就在大家面前的保险柜里。要命的是，密码被写在每个人的脖子后面。请注意，这间屋子里面是绝对没有镜子的。

在这样的境况下，出现了这样一些行为，大家首先想到的是冲出屋子，而不是去找什么解药。于是，第一个人用钥匙去开门，结果被射进来的箭头射穿了脑袋。经过一阵折腾以后，大家发现冲出去似乎是个愚蠢的选择。于是，各人转向第二个方案，找解药。这个过程是影片最精彩的部分。

首先，大家发现火炉里面有解药，于是一个人爬进去，结果发现有两支。当他去拿第二支时，触动了机关，炉子起火，他被烧死了。他的死并不重要，重要的是，这意味着有两支解药损失了。

这之后，有人发现一起找似乎并不是一个好选择，因为找到之后势必是大伙抢这一支，结果不堪设想。于是，人群分散了。其中的一个女人单独行动，她幸运地发现解药悬在一层玻璃上面。她举起手，打破玻璃去拿解药，结果注射液洒落，手却被卡在玻璃里面。于是，她只能在那里流血，绝望地等待死亡。她的死并不重要，重要的是，解药又损失了一支。

一次次的损失，使其中的一个身材强壮的人想到了保险柜里面的那支解药。但是，他必须看到每个人脖子后面的数字。就是为了这个目的，再加上对方的不配合，他杀了几个人。由于没有镜子，他无法看到自己脖子后面的数字，而别人也不告诉他，所以，他只能用刀子把自己脖子后面写着数字的皮割下来。

这是一个生死抉择的故事，故事血腥而残忍，故事中的人因为自私自利，当生命出现危机的时候，本应是同舟共济的他们却互相猜忌，结果只能同归于尽。其实只要他们之间互相帮助，便能走出困境重获新生。

就连一群小蚂蚁都能愉快地合作，将比自己大很多的东西搬回家，动物尚能如此，聪明的人类呢？为什么不放下私心，多从对方的角度想想，为何不愿意以大局为重，和大家团结在一起把整个任务完成？要知道，团体目标的完成需要大家的共同努力，多为对方考虑，你定能和大家一起“共同撑起一片美好的蓝天”！

放下仇恨，人生之路会越走越宽

做人应当及时放下仇恨，否则怨恨、愤怒的火焰最终会灼伤自己。

人与人之间所思所想不尽相同，因为立场不同、存在利益冲突，分歧也是必

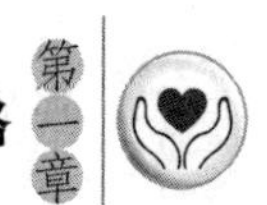

然的。因此，人与人相处也难免会有误会和摩擦，误会和摩擦升级，愈演愈烈，便有了所谓的仇恨。很多人便会记住这一“过节”，有了报复心理。其实，所谓的仇恨，不过是性格不一，志不同道不合罢了。即便你真的被别人伤害过，也要用宽容的心去原谅和理解，人最不应该有的就是怨恨，因为它于己于人都百害而无一利。

古希腊神话里关于大力士海格利斯有个故事：有一天，他走在坎坷不平的路上，发现路上有个口袋似的东西，阻碍了自己前行的路，他原本心情不爽，就踢了它一脚，想踢开它，谁知那东西不但没被踢开，反倒膨胀起来。海格利斯恼怒成恨，挥着刀便用力地砍，最终的结果是它变大到挡住了前进的道路，堵住了他的前程。

最后，路上来了一位圣人对海格利斯说：“别把它当回事，离开它，自己转道而去吧。它叫仇恨袋，如你不理它，不恨它，它便变小至消失；如你再惦记它，踢它，它便会无休止地疯长，与你对抗到底直到让你没有后路。”

的确，仇恨是你人生路上的绊脚石，转道而去，不去理会它，走自己的路就对了。而抓住仇恨不放，让怒火越烧越旺，只会让自己活在仇恨的阴霾中，得不到真正的快乐。正如莎士比亚说：“不要因为你的敌人而燃起一把怒火，烧伤你自己。”放下仇恨，宽容敌人的人才会获得真正的快乐，圣经上有句话说：“怀着爱心吃菜，也会比怀着怨恨吃牛肉好得多。”

宽容你的对手吧，这是一种大度，一种涵养。记仇的人不懂得宽容别人，而惯于斤斤计较。宽容的人能得到别人的尊重，且浑身散发出一种仁爱的光芒，让世人感念。

在加拿大杰斯帕国家公园里，有一座可算是西方最美丽的山，这座山以伊笛丝·卡薇尔的名字命名，纪念那个在 1915 年 10 月 12 日像圣人一样慷慨赴死——被德军行刑队枪毙的护士。她犯了什么罪呢？因为她在比利时的家里收容和看护了很多受伤的法国、英国士兵，还协助他们逃到荷兰。在 10 月的那天早晨，一位英国教士走进军人监狱——她的牢房里，为她做临终祈祷的时候，伊笛丝·卡薇尔说了两句后来被刻在纪念碑上的不朽的话语：“我知道光是爱国还不够，我一定不能对任何人有敌意和怨恨。”四年之后，她的遗体转送到英国,在西敏寺大教堂举行安葬大典。卡耐基在伦敦住过一年,曾常常到国立肖像画廊对面去看伊笛丝·卡薇尔的那座雕像,同时朗读她这两句不朽的名言:“我知道光是爱国还不够,我一定不能对任何人有敌意和怨恨。”

一尊雕像让世人永远记住了这个为了化解仇恨慷慨赴死的女人,她受到了世人的尊重和敬仰。能包容仇恨是一种美德,更是一种高尚的品德。做人应有的品德有很多种,而能放下仇恨的人更值得钦佩。

很久以前,有一位年老的国王,他决定不久后就将王位传给三个儿子中的一个。一天,国王把三个儿子叫到跟前说:“我老了,决定把王位传给你们三兄弟中的一个,但你们三个都要到外面游历一年。一年后回来告诉我,你们在这一年内所做过的最高尚的事情。只有那个真正做过高尚事情的人,才能继承我的王位。”

一年后,三个儿子回到了国王跟前,告诉国王自己这一年来在外面的收获。大儿子先说:“我在游历期间,曾经遇到一个陌生人,他十分信任我,托我把他的一大袋金币交给他住在另一个镇上的儿子,当我游历到那个镇上时,我把金币原封不动地交给了他的儿子。”国王说:“你做得很对,但诚实是你做人应有的品德,不能称得上是高尚的事情。”二儿子接着说:“我旅行到一个村庄,刚好碰上一伙强盗打劫,我冲上去帮村民们赶走了强盗,保护了他们的财产。”国王说:“你做得很好,但救人是你的责任,还称不上是高尚的事情。”三儿子迟疑地说:“我有一个仇人,他千方百计地想陷害我,有好几次,我差点就死在他的手上。在我的旅行中,有一个夜晚,我独自骑马走在悬崖边,发现我的仇人正睡在一棵大树下,只要我轻轻地一推,他就掉下悬崖摔死了。但我没有这样做,而是叫醒了他,告诉他睡在这里很危险,并劝告他继续赶路。后来,当我下马准备过一条河时,一只老虎突然从旁边的树林里蹿出来,扑向我,正在我绝望时,我的仇人从后面赶过来,他一刀就结果了老虎的命。我问他为什么要救我的命,他说:‘是你救我在先,你的仁爱化解了我的仇恨。’这……这实在算不了什么大事。”

“不,孩子,能帮助自己的敌人,是一件高尚而神圣的事,”国王严肃地说:“来,孩子,你做了一件高尚的事,从今天起,我就把王位传给你。”

从这个故事中,我们要明白,不要一味地仇视他人,要懂得用宽容的心,去

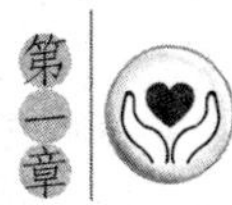

看待仇视自己的人，用爱去看待你仇视的人。爱能化解仇恨，这样的人才是高尚的人，才是一个大度的人。

怨恨是人类最基本的心灵罪恶，瞬间的恶念却能产生巨大的破坏力。人的心灵被怨恨之火燃烧的时候，理智、善念、人间真情，在刹那间全会被烧毁！而怨恨、愤怒的火焰最终伤害的还是自己。每个人都要生活、工作，都要接触家庭和社会中的每一个成员，所以，在日常生活和工作中，难免会发生矛盾，出现这样或那样的问题，形成人与人之间的不和谐。这时你就要学会用宽容的心去化解，放下仇恨，宽容你的仇人，少了一个仇人，就会多一个朋友，你的人生之路也会越走越宽！

第二章

潇洒人生，放下输赢得失，人生才更舒心

人生不如意之事十之八九，在挫折面前要看得开，不要让失意压弯了腰；在人际交往中要放宽心，多想一想他人的好处与优点，多一分体谅和宽容。放下自己的固执和成见，看清名利的纷争，这样烦恼自然就会少一些。有时你之所以感到生活黯然失色，是因为胸襟不够开阔；不是人生孤独寂寞，而是你不知如何取舍。抛下烦恼，给心灵洗个澡，我们的心灵才能得到真正的解脱。就如哲人所说："只有你微笑着面对生活，生活才会回报你微笑"。

潇洒立于世，看淡得失输赢

一个心态潇洒的人，即使遇到了失败也会另有一番解读，他们会平静地接受现实，放下失败带来的不良情绪，把失败当做锻炼自己的机会。

在这样一个急功近利的社会，我们很容易把输赢与否当成一个人是否成功的标准。以输赢论成败的人生，犹如一个巨大的赌局，在这场赌局中，谁也不可能成为永远的赢家，谁也不可能永远做输家。在赢的时候，有些人自然会春风得意，激情飞扬，而输的时候又难免失魂落魄，一蹶不振。这种人的得失心很重，在看待输赢上缺乏一种潇洒心态。

以潇洒的心态看输赢，我们会有不同的收获，达到一种更高的人生境界。潇洒并不只是言行举止的神采超然、风度翩翩，潇洒其实是一种独特的境界，是对待生命诚挚的态度。人生于世，拥有达观的心境，便能超凡脱俗不为世事所累。潇洒的境界源于理性豁达和对万物的洞察及生命的热情，有了这种心态，不仅会使我们以平和淡然的态度来参与这个世界残酷激烈的竞争，更会使我们以超脱淡定的心情来面对输赢成败的结果。

在这个大千世界里，我们都是芸芸众生里的一员，有着普通人的欲望和情感。每个人都希望一帆风顺地走过一生，但在这个现实的世界里是不可能的。有些人由于不能有一个很好的心态来面对“输”，一旦遇到一些经济上的、生活上的或者情感上的挫折和失败，就会被击倒在地，整个人都变得萎靡不振、颓废不堪。可是，一个心态潇洒的人，即使遇到了失败也会另有一番解读，他们会平静地接受现实，放下失败带来的不良情绪，把失败当做锻炼自己的机会，以更加积极的心态再次迎接挑战。

2008 年北京奥运会是举世瞩目的一次大型体育运动盛会，由于是东道主，中国运动员的表现自然受到国人的关注与期待。在所有人都期待雅典奥运会冠军能够再一次完成奥运首金的壮举时，杜丽却失败了。8月9日晚，当奥运村笼罩在兴奋和祥和中的时候，杜丽悄然离开。那个夜晚，在运动员宿舍自己的房间里，杜丽失声痛哭。随后的几天杜丽更是坚决不出门。“怕别人认出我来。”杜丽很害怕。

“我不想打了。”压力下的杜丽无法承受，她不断地说出这样的话，就在8月13日，步枪三姿比赛的前一天，杜丽训练状态又不是很好，她又想到了放弃。教练王跃舫无疑是最着急的人，“想想当初被选拔上的高兴心情，现在机会来了怎么能放弃呢？不管前面怎么样，我们还要努力，想看五星红旗升起，那咱们拼进前三名就可以了。”后来不断有观众、志愿者、记者给杜丽送来祝福和鼓励的卡片；报纸上，理解杜丽的文章成为主流；互联网上，宽容杜丽的呼声一浪高过一浪；现实中，杜丽也不断得到各方的支持。杜丽终于放下了心里沉重的包袱，放下了失败带来的痛苦，重新走向射击场，在14日的射击比赛中拿到了奥运金牌。

赛后，记者问杜丽如何摆脱失败的阴影重回最高领奖台的，杜丽说：“其实前几年我的心态一直放得比较好，我觉得首金不首金都无所谓，因为对运动员来说能够参加奥运会已经是很不容易了。但是到了后面，好像不仅是自己一个人在比赛了，而是为了别人，因为有太多人帮助了我，如果打不好就感觉好像是对不起他们、辜负了他们。比赛之前那几天没有电话，我对着天花板在想，如果我打好会怎样，打不好又会怎样？当时感觉那股火把斗志给逼出来了，最后我也没有想过为什么会打得那么好，真的已经是很棒很棒了。”

从首金失利到四天后夺冠，杜丽的故事让我们看到了潇洒面对输赢，实际就是一种放下的心态。若放不下几天前的失利，放不下全国人民的期待，放不下自己内疚的心理，她可能再一次在赛场上铩羽而归。很多时候，我们都希望事情会朝我们想象的方向发展，但是事实却未必如此，失败的阴影总会第一个袭来。当我们遇到这种情况时，不妨洒脱一点来对待，做到“宠辱不惊，闲看庭前花开花落；去留无意，漫随天外云卷云舒”。

面对失败需要一种潇洒的心态，其实面对“赢”也需要这种心态。有些人容易被一时的胜利冲昏头脑，不免骄奢狂放、得意忘形，他忘了这个世界从来都没

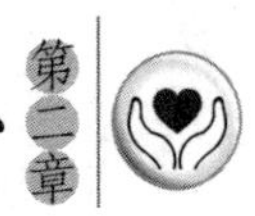

有常胜将军，很可能下一次会遇到让他猝不及防的失利与打击。

居里夫人世界闻名，但她既不求名也不逐利。她一生获得奖金 10 次，奖章 16 枚，名誉头衔 107 个，却全不在意。有一天，她的一位朋友来她家做客，忽然看见她的小女儿正在玩英国皇家学会刚刚颁发给她的金质奖章，于是惊讶地说："居里夫人，得到一枚英国皇家学会的奖章，是极高的荣誉，你怎么能给孩子玩呢？"居里夫人笑了笑说："我是想让孩子从小就知道，荣誉就像玩具，只能玩玩而已，绝不能看得太重，否则就将一事无成。"

正因为从不在意外界的荣辱得失，居里夫人才能专心致志地投入到自己热爱的科学事业中，从而取得了巨大的成就。更难能可贵的是，居里夫人把她所取得的巨大荣耀看得很淡，视为身外之物，这使我们不得不佩服居里夫人潇洒的情怀。

生活给予我们诸多体验。面对各种各样的心情，我们可以引吭高歌，可以长歌当哭，可以豪饮一醉，可以平静如水，可以在千百次的孤独和痛苦里体验刚强生命。生活不相信眼泪，我们未必要拒绝月光的忧伤，但一定要避免沉溺于往事的伤悼。不抱怨命途多舛，不逃避风雨磨难，坦然走自己的路，这便为真潇洒。

学会放下，才能得到属于自己的快乐

上帝在关上你一扇门的时候，总会给你开一扇窗。世界上许多人因为各种原因放下了他们本来拥有的，却得到了别人无法拥有的。

放下才会有所得，是一种辩证的看待问题的方式，也是一种处世哲学和人生智慧。放下与得到，如同马车的两只车轮，小舟的两只船桨，都有着相辅相成的关系。比如放下对金钱的追逐，会收获精神的满足；放下虚伪的面具，就会赢得真诚的友谊；放下显赫的功名，会回归生命本质的平淡……放下，不是让我们愤世嫉俗或者远离红尘，而是要做一个聪明的人，懂得区分什么是生命中的必需品，什么是生命中多余部分。把这些多余的部分剔除，才能让一个人追求自己想要的生活，不被一些烦心琐碎的事情所牵绊，也只有这样才能拥有一个成功而幸福的人生。

人的一生需要很多抉择，放下的过程其实就是我们在做生活的选择题，只有把糟粕去除掉，留下真正重要和有价值的东西，那么你成功的概率才会增加，最终获得的也更多。放下自卑，会活得自信；放下抱怨，会活得舒坦；放下犹豫，会活得潇洒；放下狭隘，会活得自在。只有该放下时放下，你才能够腾出手来，抓住真正属于你的快乐和幸福。

人生一世，面对无限的诱惑，“放下”恰恰是我们在生活中很难做得到的。其实，放下与得到正是生活中的两面。得与失总是相辅相成的，正如一句谚语所说：“上帝在关上你一扇门的时候，总会给你开一扇窗。”世界上许多人因为各种原因放下了他们本来拥有的，却得到了别人无法拥有的。

有位满腹心思的贵族拿了两只花瓶到佛前献礼，佛说：“放下！”贵族放下左手中的花瓶。佛又说：“放下！”他放下右手中的花瓶。佛还是对他说：“放下！”贵族说：“我已经是两手空空了，没有什么可再放下，你还要我放下什么？”

佛说：“我要你放下的是你的心与念想，当你把这些统统放下，再没什么了，你才能从桎梏中解脱出来。”贵族终于明白了“放下”的道理。

在这个故事中，佛教我们放下才能解脱，也就是放下才能获得人生的另一番美景。在生活中我们也会屡屡用到“放下”这种智慧。如果你不放下原来的岗位，就不会得到新的工作平台；如果你不放下一段令你伤心欲绝的恋情，你就不会敞开心扉再次寻找真爱；如果你不放下每一次为了金钱而加班干活的机会，就会错过和家人一起享受温馨晚餐的时刻。

纵观人间世事，有得必有失，有失必有得，这是常理，可有些人总想不通这层道理，只要涉及个人利害得失之事，总少不了去争，去斗。殊不知，这种做法只会给人带来莫名其妙的烦恼，难以言状的痛苦，排解不了的忧愁。

28 岁的小童通过相亲认识了一个很不错的男孩，由于两人互有好感，很快确立了情侣的关系。不过，最近小童却很烦恼。她总是跟男友为鸡毛蒜皮的事吵架，吵后两人就开始冷战，后来还是小童主动找男朋友，表示和解。小童很喜

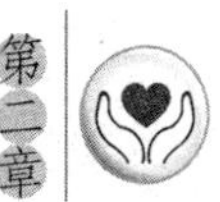

欢现在的男朋友,因此对他看管得很严。这天她上男朋友的QQ,想看男朋友的聊天记录,男朋友死活不让她看,还埋怨小童猜忌心重、一点都不信任他。小童承认是有点神经质了,因为他们刚在一起的时候,男朋友和前女友刚刚分手不久,所以她总觉得他们还藕断丝连。一想到这些,小童就更加不安,拼命搜索男朋友"作案"的蛛丝马迹。男朋友实在受不了她的24小时"监控",两个人的关系越来越紧张。

小童回家向妈妈抱怨。妈妈劝小童:"爱情就像手里的沙子,你攥的越紧就流得越快,当你把对方看得越紧,他就会离你越远。就像放风筝,手中的风筝线你拽得越紧它就越容易断,只有一松一紧才能把它放得更高更远,爱情就是这样,只有给它以空间和自由,才能持续得更长久。"

通过和妈妈这次贴心的交流,小童终于明白是自己抓得太紧了,反而招致男朋友的反感。最后,她主动向男朋友承认了错误,挽救了自己的爱情。最近,小童正在为自己的婚礼幸福地忙碌着。

可见,小童如果不及时懂得要适当放手的道理,很可能会把一段美好的爱情葬送在自己手里。正因为妈妈的及时劝导,小童放下了心里的猜忌,放下了自己内心的不安全感,从而收获了一份美好的爱情。

人生在世,有所得,必有所失。孟子深谙这个道理,因此他说:"鱼,我所欲也;熊掌,亦我所欲也。二者不可得兼,舍鱼而取熊掌者也。"得失往往是相辅相成的,这正是福祸相依的道理。

退一步海阔天空

退一步,能使你站得更高、看得更远;退一步,能使你更清醒地认识自己;退一步,能使你找回已失去的信心。

伟大的文学家雨果说过,世界上最宽阔的东西是海洋,比海洋更宽阔的是天空，比天空更宽阔的是人的胸怀。具有宽阔胸怀的人是懂得退让的，常言说得好：退一步海阔天空。如果能在是非中退让三分，将会收到怎样的自在辽阔，是平日里紧张竞争状态下的人们不曾思考过的。人生的舞台很大，如果我们一味拼命地向前冲，会错失生命中很多美好的东西。若能退下来平心静气思考一番，于人于事退让一步，再起步便会发现路更宽广。

只有退一步，你才能够看得更全面。我们照相的时候，都喜欢用广角镜头。如果要拍一幢尖顶的房子，你站在离房子半米的地方，只会拍到它的一扇窗；如果后退半米，可能就能拍到整座房子；如果你再退后一些，就会连房子的屋顶、蓝天白云、草地花朵尽收其中。换作我们的人生又何尝不是呢？退步其实是另一种进步，这种退步让我们看清自己的轨迹，了解自己的进程，调整方向，选择速度。能够以退为进是不争，老子说："夫唯不争，故天下莫能与之争。"其义是，因为不与人相争，所以天下没人能与他相争。

遇到矛盾时，不愿意吃亏，步步紧逼，认为忍让就是没了面子失了尊严，最终只能使得矛盾不断升级、不断激化。其实忍让并不是不要尊严，而是成熟、冷静、理智、心胸豁达的表现，一时退让可以换来别人的感激和尊重，避免矛盾的加深，岂不是皆大欢喜？社会就像一张网，错综复杂，我们难免与别人有误会或摩擦，学会尊重你不喜欢的人，在自己的仇恨袋里装满宽容，那样才会少一份怨恨，多一份快乐，才会赢得更多的尊重。

明白了退一步海阔天空这个道理，如果我们遇事给自己五分钟，冷静地思考，一定可以拥有更开阔的心境，可以做出更加睿智的决择。如果我们能承认差异的客观存在，便会对彼此的差异有了更多的包容，你有你的思维方式，我有我的人生见地，若能互相学习，彼此宽容，就能一团和气。转换思维，用你的博大胸怀去包容万物，退一步你会体验到最美的风景。

清朝的宰相张廷玉与一位姓叶的侍郎都是安徽人。两家比邻而居，都要起房造屋，为争地发生了争执。张老夫人便修书北京，要张宰相出面干预。这位宰相看罢来信，立即做诗劝导老夫人："千里家书只为墙，再让三尺有何妨？万里长城今犹在，不见当年秦始皇。"张老夫人见书明理，立即主动退让三尺，叶家见此情景，深感惭愧，也马上把墙让后三尺。就这样，张叶两家的院墙之间，形

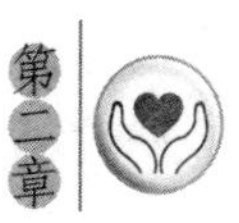

成了六尺宽的巷道，成了有名的“六尺巷”。张廷玉失去的是祖传的几分宅基地，换来的却是邻里和睦及流芳百世的美名。

凡事均有阴有阳、有圆有缺、有利有弊，更何况是千变万化的人生？在处理争端与矛盾之时，处世让一步为高。那些邻里纷争、亲友反目，静下心来仔细想想，会觉得有点可笑甚至荒谬。难道你愿意成为旁观者蜚短流长的主角？那么，各退一步，化干戈为玉帛，又何乐而不为呢？聪明的人，并不会一味地争强好胜，在必要的时候，他们宁愿后退一步，避其锋芒。这不仅能赢得旁观者的尊重，更能赢得对手的尊重。

我们的世界五彩缤纷，每个人都是一个独立的个体，任何人都不能将自己的思想、行为强加于人，而我们又必须在同一片天际下生活，人类要和谐共处就必须要学会宽容，如一尊袒腹而坐的大佛，展开胸襟，绽开笑脸，接纳万事万物，这时，心灵便会比大地更厚重，比天空更广阔。

退一步，能使你站得更高、看得更远；退一步，能使你更清醒地认识自己；退一步，能使你找回已失去的信心；退一步，能使你抛弃许多不必要的烦恼；退一步，能使你伺机而动，获取更大的进展。

不以得为喜，勿以失为忧

我们不应因一时的失去而沮丧忧愁，前一次的失去也可能孕育了下一次的收获。

“不以得为喜，勿以失为忧”是一种高层次的境界，它讲求一种豁达淡然的心态，在得到时放下狂喜，在失去时放下忧愁。这个快速、便捷的消费时代，人们有各种各样的欲望，有精神上的，也有物质上的。有欲望是人之常情，无可厚非，人人都希望达到一种精神和物质上双重的满足。对待欲望应该有一个正确的态度，不能让欲望牵着我们的情绪走，得到了就欣喜若狂，没得到或失去了就忧伤愤恨。我们不应该因外物的丰富而骄傲和狂喜，也不应因为个人的失意潦倒而悲伤。

“不以得为喜”的“得”指的是你现在已经得到的东西，可能是金钱、房车，也可能是职位、权力。在这个越来越以结果为导向的社会，个人的成就越来越与客观得到的东西直接挂钩。其实，这些“得”只不过代表一个人过去的价值，它的更重要的意义是一个人未来的起点。所以，不管你觉得自己是多么出色的技术大师也好，销售冠军也好，管理奇人也好，只有放下过去的成就与荣誉，才能保持淡然的心态，大步向未来迈进。

以辩证的角度看这个世界，你就会发现世界上没有纯粹意义上的“得”，更没有纯粹意义上的“失”。其实要理解得失两面，关键是时间维度，如果你将时间拉长，拉到人生长河的角度再来看某一节点人们的得与失，那时风光的人后面跟着很多不如意，一时的“得”引发了后来的“失”，当时的“得”在以后看来却成了“失”，反之亦然。这就与中国的太极阴阳两面一样，阴就是阳，阳就是阴，实则为一体，一定要分开就会产生很多烦恼。因此，我们不应因一时的失去而沮丧忧愁，前一次的失去也可能孕育了下一次的收获。

战国时代，在长城外住了一位老翁。有一天，老翁家里养的一匹马无缘无故走失了。在塞外，马是负重的主要工具，所以，邻居都来安慰他，这位老翁却很不在乎地说：“这件事未必不是福气！”过了几个月，走失的那匹马居然带了一匹骏马回家，这真正是赚了，邻居都来庆贺。这位老翁却说：“这未必不是祸！”几个月后，老翁的儿子骑这匹马摔断了大腿骨，邻居们佩服老翁的料事如神之余也赶来慰问，而这位老翁却毫不在意地说：“这倒未必不是福！”事隔半年，敌人入侵，壮丁统统被征调当兵，战死沙场者十之八九，而老翁的儿子却因为摔断了一条腿免役而保住一命。

“塞翁失马”是一个我们小时候就耳熟能详的故事，故事中体现的“福祸相依”的智慧，体现了中国传统文化的精髓。“福祸相依”能让人采取一种透过长远时空权衡利弊的思考问题方式，在得失面前保持一种淡然的平常心。如果我们一直以“得为喜，失为忧”的心态对待问题，那么情绪就会被一些外物所牵引，忽视内心真正的声音。

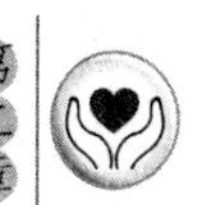

斗子文，是楚国历史上著名的令尹之一，对楚国的强大和北上争霸，做出了突出的贡献。他每天天未破晓就上朝去等国王出来吩咐大事，天黑了才回家吃饭。国家有乱，人民贫困，他散尽家产来纾缓灾难，因此更得人民信任。斗子文在楚成王八年任令尹后至楚成王二十五年让位子玉，长达 27 年之久。在这 27 年中，他曾“三仕”、“三已”。每次升了官，他并不因此高兴；几次因另作安排而免职，他毫不因此难过。年岁大了，他推举斗氏有才能的子玉当令尹，小心翼翼地把自己为政的经验教训，都告诉新令尹。

由于以上原因，当时的诸侯列国，都敬仰他。《春秋·鲁庄三十年》、《春秋·鲁宣四年》都很详细地记载了这些事迹；《论语·公冶长》也反复歌颂了他的品德；儒家创始人孔子也赞誉他为“忠”。

从斗子文的故事中，我们可以看到他并没有因自己身居要职而欢喜，也没有因为被免职而失落，而是放下了毁誉荣辱的得与失。其实，这些得失看起来关乎一个人的毕生心力和追求，实则过眼云烟而已。在这个不停变化的世界中，我们的生活中充满了患得患失，得而失之与失而复得。我们的生命不过区区百年，在漫长的时光隧道里，只不过像昙花和朝露一样短暂，如果不能放下心中的得失荣辱、充分享受生命中的美好与感动，岂不是一件很愚蠢的事情？

不过，我们毕竟是有欲望、有追求的生命个体。面对这个多姿多彩、变化万千的缤纷世界，如何能真正做到放下得失，不以得为喜，不以失为忧呢？首先，我们要坚定自己的想法，做自己真正喜欢的事。不管你为学业拼搏、为事业奋斗，还是追求一个幸福美满的婚姻，只要全身心投入到自己喜欢的事情上，这种行为本身就能让你感到生活的快乐和生命的充实。做自己喜欢的事，会让你忘记一时的得失，因为追求本身能给你最大的快乐与满足。其次，不要在意别人的眼光，很多时候我们放不下，是因为始终在用别人的眼光来衡量自己。虽然每个人不能孤立地生存于这个世界，但我们要明确我们始终都是为自己而活。得之喜、失之忧，很大程度上是因为我们把外界的价值观强加于自己身上，比如成功后会因想到别人会羡慕自己而沾沾自喜，失败后会因怕别人笑话而久久不能解脱。其实只要能够认清楚自己所走的路，只要自己一直在努力，别人又有什么资格来评判？

生活像一条大河，时而宁静，时而疯狂，一切都可能因时空转变而发生变化。明白了这一点，我们就能把功名利禄全部抛在身外，做到荣辱毁誉不上心头。放下得失，才能用宁静平和的心境写出生命中洒脱飘逸的诗篇。

放下虚伪，做最本真的自己

愿我们与人为善，做回真我，丢掉虚伪的包袱，用一颗自然真诚的心开创自己的生活天地，走向我们真实的、美丽的人生。

我们都说人生是一场戏，在这出漫长的戏里，你打算怎样演出？在这个人生大舞台中，有些人表现得很自然，因为他们是用心去演，展现自己最真实的一面，不虚伪，不做作，不装腔作势，不口是心非，他们用真心对待每一个人，因此换来他人的掌声与祝福。相反，也有些人完全将自己的角色戏剧化，在不同时间、不同地点、对不同的人有着不一样的表现，他们为了获取功名利禄，不得不带上虚伪的面具，在自己为自己设置的各种角色之中不断变换。为了不被别人发现真实的自己，他们活得很累，最可悲的是最后连真正的自己都找不到了。

在社会中行走，我们往往会戴一个虚伪的面具，让别人看不清我们的脸，也看不清我们的心灵。在这个面具的掩护之下，我们小心翼翼地走在人生的旅途之中，用尽心力地“扮演”着自己的角色，但是没有勇气摘掉面具，因为有太多的牵绊。

张楠研究生毕业后，凭借出色的设计才华，一路过关斩将，顺利地进入国内一家顶级的广告公司。本想在设计领域施一番拳脚的她却并没有想象中的那么顺利。张楠设计出来的作品总是与众不同，创意充满了个性。同事们都认为很好的创意，总经理却总是看不上眼，他始终强调的一句话是，我们要满足客户的意愿。

由于张楠形象姣好，总经理为了发挥她的形象优势，总是找她陪客户吃饭，

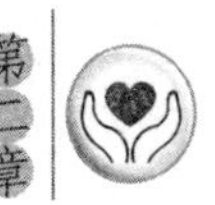

后来索性把她调过来，做经理助理。张楠内心是不愿意的，可是为了能得到总经理的好感，为了以后得到更多的话语权，张楠还是接受了。张楠想："只要以后自己有地位了，就可以设计自己的作品了。"总经理对她说："我要你做我的助理，不是为了别的，是为了要你知道客户到底需要什么东西。到时候你仍然可以做你的设计工作。"

为了应酬，张楠在酒桌上也要强迫自己向客户敬酒，这真是一件痛苦的事情，张楠最讨厌喝酒了，也不喜欢看见男人酒气冲天的模样，但她必须忍着。客户经常出入夜总会，这是张楠感到恶心的一件事，很多客户邀请和张楠跳舞，面对客户的要求张楠只能委屈自己，在舞池里，张楠觉得自己是个小丑。更让她不能忍受的是，客户常常做一些钱色交易的事情，虽然自己洁身自好，但睁一只眼闭一只眼的滋味就像自己犯了罪似的。

张楠就这样整天忙忙碌碌的，不知道为了什么。在和客户接触的日子里，张楠终于了解到客户对作品的要求和品位。于是张楠向总经理提出要求，重新回到设计工作岗位上去。

张楠按照客户的意思设计出了一幅广告作品，她拿给同事们看，几乎每一个同事都摇摇头，以前对张楠那种欣赏的目光不见了，取而代之的是一种不屑。但是，总经理却告诉她，她的作品客户很满意。张楠失去了判断能力，只好求助于以前的大学教授，大学教授给了她四字批语：俗不可耐。这样的批语让张楠伤心不已，在大学的时候，这位教授经常称赞张楠的才气。

教授对她说："张楠，你已经失去了真正的自己，难道你忘了我们在课堂上讨论什么是艺术的本质吗？艺术的本质是真实，尤其是心灵的真实，而你的作品却充满了虚伪。现在有两条路供你选择，一条是继续虚伪下去，另一条是做另外一个凡·高。"张楠终于醒悟，向总经理递交了辞职书。那一刻，张楠感到从未有过的轻松和快乐。亡羊补牢，为时不晚。张楠的悔悟挽救了自己。

在张楠的故事中我们是否或多或少能看到自己的影子呢？虚伪的面具可能在某种意义上使自己得到了保护，可是，与失去自己相比，究竟哪个更得不偿失呢？在别人面前曲意逢迎、扭曲本心，会让自己越来越圆滑，变成一个连自己都觉得冷漠可怕的陌生人。放下虚伪，按照自己的步子走下去，开心与否，坚强与脆弱，都是真实的自己；放下虚伪，才会感知自己和别人的真心，获得你想要的幸福和快乐；放下伪装，才会认清自己尽情挥洒自己的才华和梦想。风靡一时的韩国电视剧《我叫金三顺》里面有句话：去唱歌吧，就像没有人聆听一样；去跳舞吧，就像没有人欣赏一样；去爱吧，就像不曾受过伤一样。只有放下伪装，才能活得潇洒，做回真正的自己。

虚伪这东西，一旦陷入就很难脱身。人们之所以日复一日戴着一副假面具，或许是因为已经习惯了这种伪装。本来是一个率性的人，可是为了生活而掩饰自己，这是一种无可奈何的痛。

生活在这个现代社会里，为了保护自己不受伤害，我们或多或少都会为了自己的生活去伪装一下自己，这也是情有可原的。可是如果一味地带着厚重的防备，不免太过沉重。也许我们可以在某些时候暂时把自己的虚伪放下，让你的亲人和朋友看到真实的你，这样也可以使你自己得到暂时的休息。

愿我们与人为善，做回真我，丢掉虚伪的包袱，用一颗自然真诚的心开创自己的生活天地，走向真实的、美丽的人生。

放下名利，享受淡泊的人生佳境

人生一世，草木一秋，每个人都只不过是一个来去匆匆的过客。名和利都是过眼烟云，是身外之物，生不带来，死不带去。一生为名利所累，实在是本末倒置。

人活在世上，无论贫穷、富贵都免不了与名利打交道。所以，名利这个话题，自古以来都是人们关注的焦点。名利与我们每个人都有一定的关系，适度追求名利也是人之常情，但过分地去追求名利则是不可取的，也是十分错误的。因为过度地看重功名利禄，将会使你产生脱离实际不安于现状的急躁情绪，直接影响到你的工作、学习和生活。

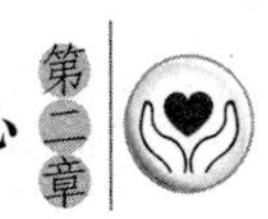

名利原本无所谓好坏，有道是："名利高寒阁，冷暖只自知。"无论宦海沉浮，无论商战成败，无论情场生死，其中滋味都如寒鸭戏水一般冷暖自知。做到淡泊名利，可以免去精神上的许多痛苦，笑看人生。也只有淡泊名利，才能给人以恬淡、宁静的生活氛围，才能在平淡中寻找快乐，才能在宁静中制造浪漫。

放下名利是一种境界，而追逐名利则是一种贪欲。淡泊名利是一种人生态度，是一种人生哲学。淡泊名利，就是要超脱世俗的诱惑与困扰，实实在在地对待一切事物，豁达客观地看待一切生活。

当代大学者钱钟书，终生淡泊名利，甘于寂寞。他谢绝所有新闻媒体的采访，中央电视台《东方之子》栏目的记者，曾千方百计想冲破钱钟书的防线，最终还是不无遗憾地对全国观众宣告：钱钟书先生坚决不接受采访，我们只能尊重他的意见。

美国著名的普林斯顿大学，曾特邀钱钟书去讲学，每周只需钱钟书讲 40 分钟课，一共只讲 12 次，酬金 16 万美元。食宿全包，可带夫人同往。待遇如此丰厚，可是钱钟书却拒绝了。

钱钟书的著名小说《围城》发表以后，不仅在国内引起轰动，在国外反响也很大。新闻和文学界有很多人想见见他，一睹他的风采，都遭他的婉拒。有一位英国女士打电话，说她读了《围城》迫切地想见他。钱钟书再三婉拒，她仍然执意要见。钱钟书幽默地对她说："如果你吃了个鸡蛋觉得不错，何必一定要认识那只下蛋的母鸡呢？"

1991 年 11 月，钱钟书八十华诞的前夕，家中电话不断，亲朋好友、学者名人、机关团体纷纷要给他祝寿，中国社会科学院要为他开祝寿会、学术讨论会，钱钟书一概坚辞。

正是钱老面对名利淡然处之的态度，使他能够心无旁骛地专注于自己的学术领域，成为一代大家。我们普通人也应该学习钱老，放下名利这些身外之物，关注心灵上的需求，才能达到人生更高的境界。

"非淡泊无以明志，非宁静无以致远。"这是诸葛亮《诫子书》中的话。《老子》也曾说"恬淡为上，胜而不美"。后人一直赞赏这种"心神恬恬"的意境，如白居易在《问秋光》一诗中，"身心转恬泰，烟景弥淡泊"。现实生活中，有的人默默无闻地在自己的工作岗位上像老黄牛一样耕耘着，视名利淡如水，看事业重如山；有的人却是名利思想严重，得到了沾沾自喜，得不到便心灰意冷；还有的人为了名利不择手段，让人鄙视。曹雪芹在《红楼梦》中写了一首《好了歌》："世上都晓神仙好，唯有功名忘不了！古今将相今何在，荒冢一堆草没了。世上都晓神仙好，只有金钱忘不了！终期只恨聚无多，及到多时眼闭了。"

人生一世，草木一秋，每个人都只不过是一个来去匆匆的过客。名和利都是过眼烟云，是身外之物，生不带来，死不带去。一生为名利所累，实在是本末倒置。其实，人生的意义，更多在于尽力发挥自己所长，向自己内心去发掘，去充实，去磨炼，且在发掘、充实、磨炼中，享受从容和美丽的人生乐趣，并把自己所知、所有、所得与别人分享，在付出的过程中享受被接纳的满足。这样，你才会觉得生活空间广阔开朗，生活充实而丰富多彩。在名利面前，保持心境的平和、宁静和淡泊。来到手中的，欣然接受；从手中溜走的，怡然放手。

春秋末期的政治家、军事家范蠡就是一个淡泊名利的人。辅佐越王勾践一举灭吴后，他很冷静地看出勾践只可共患难，不可共富贵，于是飘然离去，这体现了他卓越的聪明才智和视功名如粪土的淡泊。范蠡最传奇的故事是，在他离开越国之后，他乘船从海上漂到了齐国，本想安安生生做个老百姓，可他赚钱的本事实在了不得，很快就家藏千金。齐国人一看，呀，好生了得，一打听，原来是大名鼎鼎的范蠡，于是请他作相。当了一阵官以后，范蠡说："居家则致千金，居官则致卿相，此富贵之极也，久之，不祥。"于是散尽家产，把相印挂在城门上，搬了家。如此这般，搬了三次家，最后居于陶，大约在现在山东和河南交界处，可谓交通要地，商业发达。后来范蠡老了，不再问事，他的儿子们舍不得散去家产，以致越来越富，后世有人以陶朱、猗顿并称，以示富贵之极。只是猗顿的财富是靠权势搜刮来的，而范蠡却是靠本事挣来的。

范蠡的故事告诉我们，只有完全地放下名利，在淡泊宁静的心态磨砺中，人才能心胸豁达宽广，心志才能长存不溺。淡泊宁静给人以抚慰、净化，令人潜下心来埋头苦干。淡泊功名以求实，宁静心绪以做事。

淡泊宁静神智和思维的清醒保持，是一种难得的思想和精神上的成熟，是成功中的谨慎，是掌声中的清醒，是兴奋中的收敛，是等待中的耐心。淡泊是一种本色，一种选择，一种风范，一种追求。淡泊明志，使人领略和感悟人生；宁静致远，让人心静如水胸襟开阔。

失意时要懂得给自己宽心

人总是活在当下的，不管得意也好，失意也罢，它们都只代表过去而已。人活着只有一个简简单单的道理，那就是认真做好每天的事，人能把握的只有今天。

俗话说“不如意事常八九”，人生总有一些不如意的事。如果人生是一片坦途，毫无挫折，未免单调无趣，太过乏味。如果没有失败时的尴尬和忍辱，哪来成功时的喜悦和自豪？人生偶有失意，在所难免，一时得意容易让人忘形；失意时一味哀怨，对现实不满也是无用之举，一切当以心宽化解。

为人处世，凡事不可盘算太多，生活应该顺其自然。有时候想得越多，心情越急，就越得不到理想的结果。倒不如放宽心，尽人事，听天命，不去想最后的结果。如果能始终以平和的心态面对挫折和艰险，生活就会变得相对轻松起来，也会领略很多的人生美好。

中国历史上的无数文人志士中，苏东坡无论是在才华、学识方面，还是在成就、影响方面，都很难有人能超越。他曾少年得志，与弟苏辙同榜中进士，获得主考官欧阳修的极力称赞，也得到当朝皇帝的赏识。但进入仕途后，由于卷入新旧党争的激烈旋涡中，从此他的一生就再也不平静，一贬再贬，越贬越远。然而，苏东坡在仕途失意、生活极其艰难之时，始终保持一种超然物外、随遇而安的达观胸怀，从不放弃对人生的热爱、对美好事物的追求，撰写了两千多首诗、三百多首词和散文，成为中国文坛宝贵的精神财富，至今读来仍使人得到极大的美感享受和思想哲理的启迪。面对“食无肉，病无药，居无所，出无友，冬无炭，夏无寒泉，日啖薯芋”的残酷现实和窘迫生活，苏东坡既面对现实，又超脱现实，以一种诗意的、艺术的审美态度来看待人生逆境。在惠州，他自宽自解道："罗浮山下四时春，卢橘杨梅次第新。日啖荔枝三百颗，不辞长作岭南人。"在儋州，他唱道："枝上柳绵吹又少，天涯何处无芳草！"尽管他的诗词文在当时被列为禁书，但还是有人冒天下之大不韪而传抄、诵读；尽管他被贬到天涯海角，但还是有人不远千里，浮海专程去探望他、访问他，拜他为师。

从苏东坡豁达、豪迈的一生中，我们可以学到：人生中的得意和失意，是一对相互转化的矛盾，面对种种不如意，我们不应该懊丧、抱怨，而要以乐观豁达的态度对待，越过了一个一个的失意，就会迎来一个一个的称心如意。我们就是在这种得意和失意的交替中展现着生活的意志，增长着生活的激情，收获着生活的果实，享受着生活的美好。

人总是活在当下的，不管得意也好、失意也罢，它们都只代表过去而已。人活着只有一个简简单单的道理，那就是认真做好每天的事，人能把握的只有今天。前面有些什么，你改变不了，后面有些什么，你也难以想到，我们能够做好的仅仅是现在。不盲目模仿别人，让生活少一些奢欲；找准自己的位置，让生活多一些满足；不被经验束缚手脚，让生活少一些烦恼；懂得进退自如，让生活多一些快乐。如果一味地沉浸在过去的失意中，就会影响到一个人当下的情绪与生活。

《水浒传》里的宋江因为功不成名不就，独自一人到江洲酒楼借酒消愁，结果醉后兴起，居然题反诗于墙壁，被官府捉了个正着。虽然我们普通人不会因为失意而给自己招来灭顶之灾，不过，如果不及时放下这种失意的心态，确实对我们的生活危害深远。

丘吉尔是英国著名的首相。"二战"结束后不久，在一次大选中，他落选了。他是个名扬四海的政治家，对于他来说，落选当然是件极狼狈的事。但他却极坦然。当时，他正在自家的游泳池里游泳，秘书气喘吁吁地跑来告诉他："不好！丘吉尔先生，您落选了！"不料，丘吉尔听了却爽然一笑说："好极了！这说明我们胜利了！我们追求的就是民主，民主胜利了，难道不值得庆贺？"

丘吉尔只用了一句话，就成功地再现了一种豁达、大度、宽厚的大政治家的风范。他并没有把一次落选当做人生的失败，而是很快就用自己的心宽、豁达

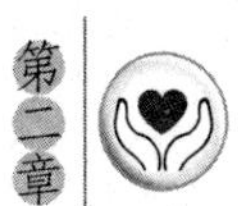

调整自己的心态，使自己快乐依旧。

在你忍受不了失意的到来而抱头哀叹时，你应该想到，其实没有一帆风顺的人生。红橙黄绿青蓝紫，七彩人生，各有不同；酸甜苦辣咸，五种味道，各有所好；喜怒哀乐，四种情感，各有玩味。无论生活如何打压，将你压缩在多么小的空间里，但你思维的空间是不受限制的。比海阔的是天空，比天空更宽广的是人的心灵。心灵的视野没有藩篱，无比宽广，任你驰骋。

历史上的“宰相肚里能撑船”、“大人不计小人过”都源自心宽如海的人生哲学。纵然我们成不了什么宰相，但快乐于心的生活状态谁不向往呢？明白了这个道理，我们每个人在失意之时都可以学会调整自己的心态，让自己快乐地把握住当下。

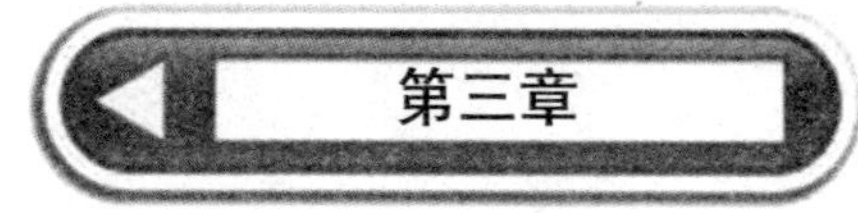

凡事随缘，爱要轻松才舒心，放下才会幸福

每个人都渴望有一份平凡而又美好的爱情，守着心爱的人度过一生。对于爱情，我们又有很多美好的幻想和憧憬，渴望有一生一世、亘古不变的爱，可是爱情的世界里有太多不稳定的因素，也有太多我们无法控制的变故。曾经的爱人可能一去不复返：她可能已经成为别人的新娘，他可能已经和别人牵手漫步于梧桐树下。你的爱人也可能曾经伤害过你。而你，也不必要在感情上苦苦折磨自己，不是你的爱人，就从心底放下，那是错爱。而对于曾经伤害你的爱人，为了自己的幸福，何必苦苦去追究？我们不要在爱的执着中迷失自我，放下是一种智慧，放下才能释怀！

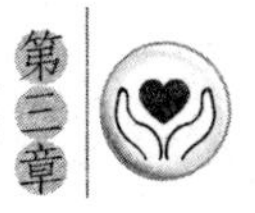

被恋人误会时不必纠结

男人就应该在心中放一块静心石，对于她的误会要放下，很多误会也就可以解开。

男人被认为是一种力量的象征。男人是丰富的，像大海一样包容万物；男人又是简单的，像蓝天下一只翱翔的鹰只为向更高处超越！

有人说，男人是潇洒豁达的，面对红尘滚滚，面对潇洒人间，面对人生百味，男人一笑而过！男人的高明之处，在于比女人更豁达，当女人还在为小事斤斤计较时，男人已经看淡一切，开始准备人生新的征程了。

在感情的世界里，男人应更显豁达。或许你被她误会，不要因此看不开，不要给心灵打结，沉沦和耿耿于怀只会使你迷失自己。误会是可以解开的，爱情依旧美好。

男人是坚强的，男人不能因为她的误会而委靡不振，解开误会，还是一段美好的爱情，即使曲终人散，你依旧可以携琴潇洒离去！

夏天就是个拿得起放得下的男人。面对误会，他没有让误会成为他的遗憾，而是坦荡地面对，最终解决了难题，和心中的爱人有情人终成眷属。

刚来上海没多久，夏天便认识了怡。当时他怀着一腔抱负来到哥哥的公司，想在这个陌生的城市里闯出一片天地。不久，他便注意到对面公司里一个总挂着甜美笑容的女孩，她跟他差不多时间上班，和他一样也有看报纸的习惯，偶尔他们还会乘坐同一部电梯。遇到几次以后，他们算是认识了，见了面会用点头微笑打招呼。于是，他多了一种消磨时光的方式——去对面公司找她聊天。

她告诉他她叫怡，大学还没毕业，趁大四找了家公司实习。怡就像个小妹妹，人前人后总是笑眯眯的，很招人喜欢。作为过来人，他常会跟她说一些人情世故，如何与同事相处，如何讨老板欢心。有时他也会跟她聊聊家乡的小吃，经常馋得她直咽口水，而她会回报一些学校同学的糗事。那些洒满阳光的早晨，他俩的笑声点缀着安静的办公室。

从那以后，他们早上看报纸聊天，上班时发短信互相问候，他的日程表中也多了一项内容——下班送怡回家。工作不忙的时候，他们会去看电影、逛公园，偶尔怡也会到他的住处陪他看碟。两个月后，她成了他的女朋友。

怡比他小 8 岁，这个年龄差距不算小，但他觉得和她特别投缘，身边有她的时候，他可以忘掉生活中的烦心事，让她的笑声占据他的一切。谁知道，因为这样的年龄差距，她的家人很反对他们交往，还把她关了起来，不许她出门。

他们找他谈过几次，让他放弃怡。最终是怡发来的短信坚定了他的信念。她说，无论家里怎样反对，她都会坚持。人们总说，经过磨难的爱情最经得起考验。从那以后，他们的感情也真的越来越好，他相信她就是他找寻一生的真爱。

毕业后，怡进了电视台，搬来和他住在一起。怡也不是没有缺点，可能是因为她在单亲家庭中长大，缺少爱护，所以“疑心病”很重，而且容易吃醋。到了月末，她会去查他的手机账单，研究上面的陌生号码；有时同事开玩笑地说给他介绍女朋友，她会认真地跑去找人家理论；如果看到他跟别的女孩子在一起，她的脸上立刻就会晴转阴。不过这些在他看来，都是她在乎他的表现。

怡有一个双胞胎妹妹澜，由于父母离异，姐妹俩从小没有生活在一起，感情也不见得好，但因为怡的缘故，夏天认识了澜。有一天，澜失恋了，在酒吧喝酒。她给姐夫打电话，他把妹妹送回了家。

当天早上，怡就知道了。从她的眼中，夏天看到了疑惑与不信任。是的，她认定他和澜背着她“有一腿”。对于敏感而又多疑的怡，他真的不知道该如何去解释，心中只有委屈。就这样，他好几天都没有见到怡。虽然她没有提分手，却让他像个等待宣判的犯人，忐忑不安。

这件事搞得邻里皆知，舆论的压力、父母的反对……她知道，他们完了。不出所料，几天之后，在两家人坐下来长谈之后，他们算是正式分手了。

和怡分手后，夏天感到一颗心被生生剜去了一半，整个人只剩下一副躯壳。于是，他不顾怡家人的反对，每天在怡的公司门口等她，雷打不动地陪她走到家

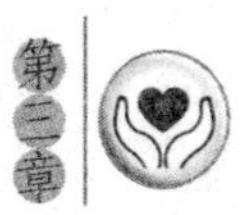

门口，每天给她发短信……时间能见证一切，怡终于原谅了他。而此时，他也将心中的委屈毫无保留地告诉了她，最终两人重归于好。

本来他们是幸福的，他们冲破了家庭的反对走在一起，一场误会却差点让这对恋人不欢而散。面对她的误会，此时的夏天却不知道如何解释，心中的确有委屈。但他是个豁达的男人，放下了两人间的误解，并以自己的方式解开了误会。

男人就应该在心中放一块静心石，对于她的误会要放下，很多误会也就可以解开。就像夏天和怡一样，假如他没有豁达地放开误会，就只能让自己饱受爱情的折磨。

男人何必在乎那么多，只要你是爱她的，放下她对你的误会，主动求和；潇洒地面对误会，并将误会解除，她也会因为有这样的爱人而更加珍惜这段感情。

原谅那些伤害你的人

这世界上伤人最深的就是情感上尤其是爱情上的伤害，有时候它就像是个被烫伤的疤，即使使用最好的治疗方式，疤痕早已无法辨认，可是被烫一瞬间的痛总是让人刻骨铭心，无法释怀。

在感情的世界里，或许你受过伤，或许你到现在还大伤未愈。有一剂药方可以治你的伤，那就是：放下伤害，原谅伤害你的人。人生原本短暂，为何要为那些过去的情愁别恨而纠结烦恼呢？为何要让自己的心始终纠缠着那些早已逝去的悲伤呢？原谅伤害你的人，放飞自己的心，让那些痛苦的伤害随风而去吧！

原谅伤害过你的人，不仅仅是为了别人，也是为了自己的心安，为了自己能够快乐地过好每一天。坦荡的人生，会平静地面对伤害，并在伤害中成长；只有输不起的人，才会停在原地，蹉跎不前，不断地报怨。接受伤害，原谅伤害，你才会真正放开，才会获得快乐！对伤害释怀，我们才能面朝大海，春暖花开！

这世界上伤人最深的就是情感上尤其是爱情上的伤害，有时候它就像是个被烫伤的疤，即使使用最好的治疗方式，疤痕早已无法辨认，可是被烫一瞬间的痛总是让人刻骨铭心，无法释怀。而那个伤害你的人就是让你烫伤的罪魁祸首，你恨不得一辈子诅咒他，可是，你想过没有，恨了又能怎样？你会快乐吗？只有尝试着宽容，尝试着放下，你才会真正快乐起来，才会正视那段伤害！

她和男朋友非常相爱，在一起一年多后，为了实现父母的心愿，她离开了自己居住的城市去外地读书。三年的时间里，两人一直都有联络，她一直对两人的未来充满信心。为了这份等了三年的爱情，她下定决心放弃眼前的所有回去和他一起生活。就在做决定的那天，她遇到了他的朋友，她突然听说他一年前已经结婚了，当时她都懵了。她一点都不相信，后来她和他通过网络聊天，她就当做不知道，告诉他她即将毕业，要回去和他在一起了。他却不希望她回来，他说外面的世界发展潜力大，既然耕耘了就要有一分收获，回来不一定可以幸福；他说相爱不一定要有结果，如果没有结果就不会有尽头；他说没有答应她什么，也没有承诺过什么。而且他始终都没有说出自己已经结婚了。她听完很生气，也觉得很可笑。

她有种想要报复的感觉，可是站在他老婆的角度考虑，她又不希望伤害他的家庭，因为如果经她这么一闹，他们以后的生活一定会有阴影存在，这是一辈子的事情。她是个善良的女孩，她不希望伤害他人。

可是，她实在没办法接受他的所作所为。她理智地想一想，就这样算了吧，毕竟是自己爱过的人，即使闹了又怎么样，恨了又怎么样？还不如潇洒地放下，让他幸福吧。

就在她和他分手后不久，她考上了上海一所大学的研究生。在读研期间，她遇到了自己的真命天子，毕业以后，两人顺利地步入了婚姻的殿堂。当她对丈夫谈起这段恋情的时候，丈夫对她的豁达和宽容赞叹不已。

她是个明智的人，面对他三年多的欺骗，她没有大吵大闹，没有去纠缠不

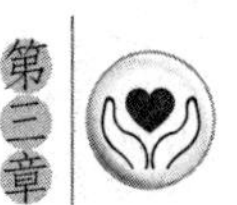

清，而是原谅了他，并大方地祝他幸福。这就是真正的宽容。的确，恨有何用？她应该庆幸，她只是被伤害了三年，而不是更久的时间，放下对他的恨，她可以活得更好！

不管他是因为何种理由而伤害了你，你都应该宽容以对，而不应该耿耿于怀。宽容了伤害你的人，也就是宽容了你自己。学会放下，你才会真正快乐，你的心才会平静下来，才能从容地享受人生！

凡事随缘，感情不能强求

有人说，对的时间遇见对的人，是一生幸福；对的时间遇见错的人，是一场心伤；错的时间遇见错的人，是一段荒唐；错的时间遇见对的人，是一生叹息。

“于千万人中遇见你所要遇见的人，于千万年之中，时间的无涯的荒野里，没有早一步，也没有晚一步，刚巧赶上了，那时也没有别的话，唯有轻轻地问一声：‘噢，你也在这里吗？’”张爱玲的这句经典名言感动了很多人。缘分在冥冥中似乎早已注定，红线被月老牵过，两颗星星会在夜空中相遇和碰撞，故事就此开始演绎。俗话说得好，一个萝卜一个坑，你最终会掉进哪个“坑”里，真正属于你的另一半会“不请自来”，缘分不能勉强。

三毛说：“男人是泥，女人是水，泥多了，水浊；水多了，泥稀；不多不少，捏成两个泥人——好一对神仙眷侣。这一类，因为难得一见，老天爷总想先收回一个，拿到掌心去看看，看神仙到底是什么样子。”也许人生本就不完美，好不容易找到一份美妙的爱情，还是会被现实世界轻易打碎。这也提醒我们，珍惜身边的缘，珍爱身边的人，别等失去了才后悔莫及。

爱情的世界里有太多无法解释的因素，但爱情不是一句空话，爱情也是现实的，不要为了不切实际的爱沉浸在幻想里，伤了自己，毁了生活。强爱上的就是一个以他的条件无法企及的“飞鸟”。

因为玩网络游戏，强结识了不少朋友，其中和一个异性朋友的邂逅给他留下很深的印象。她是一家外企公司的主管，也喜欢玩各种各样的游戏，这是因为她是个浪漫的女孩，而且童心未泯、甜美可爱。她已经28岁，而强只是个20岁的社会无业青年。渐渐地，强对她产生了好感，她的影子总是萦绕在强的周围。他为她付出了很多很多。终于有一天他含蓄地向她表白，可她一味遮掩、逃避。第二天，他和她聊了一晚，终于向她求爱了。她是一位28岁的白领，不像青春女孩那样热情。而强才20岁，还没有正式的工作，也许这就注定了强的失败。她没有直接拒绝强，而是说了一句："我们做朋友更好，不是吗？"

"嗯"，强笑着回答，可是这个字如千斤巨石碾压着他，他的心碎了。

世界上最远的距离，是鱼与飞鸟的距离，一个在天，一个却深潜海底。强决定离开，临行时他看了她最后一眼。他要把这个自己曾经付出很多的女孩永远忘记。

强是理智的，当他被这个白领女孩拒绝后，他没有继续纠缠，因为他明白，他们之间的距离就好比飞鸟和鱼。他们不适合，他们之间只是在游戏上可以做个知己，而爱情当然不是游戏，爱情需要共同语言，也是现实的。

有人说，对的时间遇见对的人，是一生幸福；对的时间遇见错的人，是一场心伤；错的时间遇见错的人，是一段荒唐；错的时间遇见对的人，是一生叹息。如果不懂得珍惜，没有把握住对的人，即使你爱的人再度出现，或许她已经不是那个对的人，你们只能叹息有缘无分。

玫是他的高中同学，那时玫同情他贫困的家境但倾慕他的才气。每次去食堂打饭，玫都买两份菜，然后回到教室，谎称胃口不好，把大部分菜倒入他的碗中。课余之时，他们常去学校后面的一片小树林中复习功课，背诵历史习题和英语单词。

一切本应顺理成章，但玫小心眼，每次别的女同学向他请教习题，他耐心讲解时，玫都异常气愤，认为他对别人有情意。于是，玫醋性大发，扬言要"报复"他，并与学校外一名男子谈起恋爱。他伤心不已，认为玫是那种水性杨花的人，从此与她断绝了来往。虽然玫之后多次哭着让他原谅她，任性而自负的他却没有答应，但他心里却一直记着玫。

和玫在一起的日子里，她曾给他带来太多的欢乐，也正是在玫的帮助和照料下，他才得以在黑色七月里一路“过关斩将”，顺利地跨进了大学的门槛。而玫却因分散了太多的精力，名落孙山，回到了家乡。

大学毕业以后，他顺利进入了一家公司，多年对玫的牵挂让他鼓起勇气给玫写了一封信。

日子如往常一样在平平淡淡中度过。信寄走后的第二个星期六，他正在宿舍和同事们说话，一个同事进屋对他说：“外面有一个女孩找你。”

他来到外面一看，竟是玫！他做梦也没想到。玫和在高中读书时一样，剪着齐耳的短发，穿一件洁白的裙子，肩上背着一个黑色的皮包。

接下来的几天，玫一直都陪在他的身边，有说有笑，询问他原先的大学生活和现在的工作情况，向他倾诉着她这几年来的经历，只是涉及感情方面时，玫都避而不谈。

5 天过后，玫要回去了。当他们一起散步时，他向她求了婚，可是玫却摇了摇头，说：“谢谢你。这几年来，由于一直没有你的消息，我妈已在今年上半年让我和一个做生意的人办理了结婚登记手续，下个星期就举办婚礼，我们已经没有机会了。”

他一下子瘫了下去，原来他在错的时间遇见了对的人，那个他一直等待的人已经不属于自己，两人就这样错过了。

玫真的走了，可是他却一直沉浸在他们的往事中不能自拔，他很后悔当初的选择和骄傲，失去了自己的爱人。

其实，爱情就是这样，错过了就不会再拥有。就算你苦苦盼来了这列姗姗来迟的爱情班车，你依然不会是上面的乘客。既然有缘无分，又何必去苦苦怀恋，让自己为往事饱受折磨呢？感情不是自己说了算的，要靠缘分，而缘分是不能勉强的，真正的缘分是注定的。放下勉强得来的爱情，你才能释怀，你才能找到真正属于自己的另一半！

放下纠结，让伤痛成为过去

步入婚姻殿堂不容易，不要因为他的一个错毁了曾经的幸福，放下纠结，原谅他你们可以更好地生活。

有人说，人心如同一个杯子，杯里的水就是人的心事，水太多了，就会溢出。所以，适当的时候我们要倒掉一些才行。心情也是一样，负荷太重了，会使我们心情沉重，呼吸困难。而在婚姻生活中，人人都会犯错，如果把爱人的错误压在心底，就会造成心灵负荷，心灵被痛苦和不安所占据，难以获得快乐。宽容大度地原谅他，你们就可以重新来过，可以更好地生活。

你们曾那么相爱：你还记得雨天那浪漫的漫步吗？你还记得你们一起吃“烤红薯”的情景吗？你还记得你们以前艰难日子中相濡以沫的点点滴滴吗？既然你们还真心相爱，何必为了对方的一个错误而放弃这段来之不易的感情呢？

生气或吵架只是激化你们感情矛盾的催化剂，理智一点，别再为爱人的错误而耿耿于怀，宽容地原谅他，给他一个改过自新的机会，日后他会感激你的豁达和大度，你们的生活还能幸福依旧。

为了丈夫出轨的事，青一直不知道该怎么办。

那天下班回来一打开电脑，青看到有个陌生 QQ 号登录过，她就问老公，今天家里来客人了？他说没有，她就纳闷地问，没有人来家里，怎么会有人在我们家里登录 QQ？他若无其事地说那 QQ 是他的，她很奇怪，他的 QQ 不是这个号啊，头像也不对（头像是一个女生的生活照），她问了他几次，他都说是他的。后来，青说：“是你的，那你就现在登录给我看！”他一下子无语了，就搪塞说那是他同事的。青一下子火冒三丈，QQ 是谁的不重要，她气的是丈夫一直骗她，把她当傻瓜耍。而且他骗她不是一两次，还有一次他出去，她打电话问他在哪里，他先是跟她说在家，再问的时候又说在公司宿舍找同事玩，后来说他在车上。

她不知道他哪句话是真的哪句话是假的，她平时没有限制他出去或是其他

活动，干吗不能实话实说？两个人在一起就应该坦坦荡荡，不应该互相欺骗。后来得到证实，他真的出轨了。丈夫痛心疾首地请求青的原谅，并保证以后不会再做对不起青的事儿。

青的内心特别纠结："我该怎么办？我该不该原谅他？我不知道现在的他还可不可以相信。离婚吧，可是还有孩子，孩子怎么办？而且，他对我还是很好。可是原谅他，我心里过不去这个坎儿。"

其实，青大可以放下丈夫的过错，给他一个机会，如果他真的可以改过自新，全家人还是可以开开心心地生活。给犯错的人一个弥补的机会，别一棍子打死。如果他不能痛改前非，青还有再次选择的权力。为了生活得更好，青应该原谅他，自己也可以如释重负，被这种矛盾的心情纠结着，只会让自己不快乐。

这个世界上没有真正的完人，谁都有缺点，谁都会犯错。面对花花世界的各种诱惑，我们难免会一时意志不坚定，难以抗拒。但是，知错能改，善莫大焉。给别人机会，也是给自己机会。步入婚姻殿堂不容易，不要因为他的一个错毁了曾经的幸福，原谅他你们可以更好地生活。

婚姻生活中并不全是幸福和快乐，矛盾和错误避免不了。爱人的错误就如同眼中的一粒沙，假如你使劲地揉眼睛，眼睛就会越来越难受；如果你只是轻轻地一吹，它就可以从你的眼中飞走。

小樱的新房装修好了，回想和老公一起走过的日子，她觉得时间真快，他们终于有自己的家了。他们是大学同学，在一起 7 年，房子首付他家出了 5 万，她家出 5 万，其余是他们自己毕业三年攒的钱。

公婆来了，要住一个多月。之前在阳台上放了两箱礼品和一桶油，是小樱家乡的舅舅给她带过来的，她打算送人，因为最近她正在换工作。

一天下班之后，小樱发现那两箱礼品都已经被拆开了，当时心里有点生气。因为其中有一箱是鸡精，她就对婆婆说了一句："妈妈，吃饭的时候不要放鸡精进去，对身体不好，那箱东西拆了就拆了，没事，但是别吃。"没想到婆婆情绪很激动，一直在那说："屋里东西哪些能动，哪些不能动你也不说，我们怎么知道？我收拾东西帮你打扫卫生，不指望你能干活。那东西放阳台上不行，箱子都是热的，东西变质了，保质期就几个月……"婆婆啰嗦起来没完没了，她根本就插不上话，她一开口，婆婆就提高声调，完全不给她解释的机会。她说："没有关系，不要吃就行了，原来是送人的，那东西吃了不好。"她就关门进卧室了，然后她丈夫出去了，他是个特别孝顺的人。婆婆的唠叨还在继续，用的是家乡话，她听着好像说她不爱干净和把她儿子拉扯大不容易之类的话。

她在房间里面实在是憋屈，就坐在电脑桌旁发呆。丈夫进来了，她还没有反应过来，他把电脑的线全部拔了，然后把她的头使劲往一边按，把她提到床上，在她肩膀和背上打了几拳，这时她才反应过来，开始大叫："我要离婚！"因为他们以前有约定，如果出现家庭暴力的话就离婚。后来，丈夫的父母闯进房间把他拉了出去。然后他进来跪在她的床边，哭了好一阵子，请求她的原谅，要她放弃离婚的想法。

她相信他是爱自己的，他们一起吃了很多的苦，双方家庭都比较困难，两个人互相扶持走到现在不容易，共同经历了数不清的风风雨雨。但是回想起他那恐怖的表情和落在身上的拳头，她觉得原来人都是会变的。她不想原谅他，再三考虑后，一纸离婚协议递到了丈夫的手里。

血气方刚的丈夫一时冲动打了她，也打掉了两个人的婚姻，一家人原本可以和和美美地过，转眼间幸福却因为一个不谅解而烟消云散，况且一切只是个误会，七年的感情不容易，人生有几个七年，来之不易的情感何必轻易说放弃？

原谅他，放下误解、偏执和纠结，让那些不愉快，那些情感世界的伤痛成为过去，给它画上一个句号，明天的生活会更美好。

真心相爱，又何必斤斤计较

婚姻是建立在美好爱情的基础上，可是婚姻的维持仅仅只有爱情是不够的，婚姻需要包容，需要夫妻双方的理解。

每个人都希望自己有一个完美的恋人、美满的婚姻，可是这个世界上根本

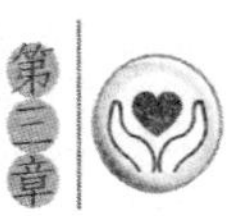

就不存在完美，婚姻和爱情也一样。恋人小小的缺点毕竟瑕不掩瑜，婚姻就是柴米油盐过日子，又何必处处计较呢？

或许他没有钱，但他对你百般呵护；或许她并不美丽，但她的性格绝对适合做个好妻子，日后会成为你事业坚强的后盾。十全十美的爱人根本就不存在，那么你还有什么不满意的呢？计较太多，瞻前顾后，幸福就会与你擦肩而过。

有这么一对情侣，男孩叫张宁，女孩叫涓涓。涓涓很漂亮，非常善解人意，偶尔时不时出些坏点子要要张宁。张宁很聪明，也很懂事，最主要的一点是，他幽默感很强，总能在两人相处时找到可以逗涓涓开心的方法。涓涓很喜欢张宁这种乐天派，他们一直相处不错。

张宁对涓涓用情很深，非常在乎她。每当吵架的时候，他都让着涓涓，主动承认错误。就这样过了 5 年，终于到了结婚的年龄。张宁向涓涓求婚了，可是涓涓的家人不答应，因为他家很穷。涓涓很孝顺，她不敢违背家里的意愿，对于男友的求婚，她也迟迟没有答应。

有一个周末，涓涓出门办事，张宁本来打算去找她，但是一听说她有事，就打消了这个念头。他在家里待了一天，没有联系涓涓，他觉得涓涓一直在忙，自己不好去打扰她。

整整一天没有接到张宁的消息，涓涓很生气。晚上回家后，她发了条信息给张宁，话说得很重，甚至提到了分手。当时是晚上 12 点。

张宁心急如焚，不停地打涓涓的手机，连续打了 3 次，都被挂断了。他继续拨打涓涓家里的电话，却一直没人接。张宁猜想是涓涓把电话线拔了。张宁抓起衣服就出了门，他要去涓涓家。当时是 12 点 25 分。女孩在 12 点 40 分的时候又接到了张宁的电话，从手机打来的，她又挂断了，一夜无话。他没有再给她打电话。

第二天，涓涓接到张宁母亲的电话，电话那边声泪俱下。张宁昨晚出了车祸。警方说是车速过快导致刹车不急，撞到了一辆坏在半路的大货车。救护车到的时候，人已经不行了。

涓涓心痛到哭不出来，可是再后悔也没有用了。她只能从点滴的回忆中来怀念男友带给她的欢乐和幸福。她强忍悲痛来到了事故停车场，她想看看他最后待过的地方。车已经撞得完全不成样子，方向盘、仪表盘上，还沾有他的血迹。

张宁的母亲把他的遗物给了涓涓，钱包、手表、戒指，还有那部沾满了张宁鲜血的手机。她翻开钱包，里面有她的照片，血渍浸透了大半张。当涓涓拿起他的手表的时候，赫然发现，手表的指针停在12点35分附近。

涓涓瞬间明白了，张宁在出事后还用最后一丝力气给她打电话，而她自己却因为还在赌气没有接。张宁再也没有力气去拨第2遍了，他带着对她的无限眷恋和内疚走了。可是涓涓也因此留下了一辈子的遗憾。

这是一个很感人的故事，张宁和涓涓彼此相爱，但涓涓太顾及家里人的想法，迟迟没有答应张宁的求婚。当男友死去的时候，她才发现自己在他心中是多么重要，他是多么爱她。而她自己也失去了倾心相爱的恋人，心中留下的是永远抹不去的悔恨和伤痛。

其实，两个人若是真心相爱，又何必计较太多?

婚姻是建立在美好爱情的基础上的，可是婚姻的维持仅仅只有爱情是不够的，婚姻需要包容，需要夫妻双方的理解。只有完全地包容对方的缺点、过失、历史，放下斤斤计较，才能拥有幸福美满的婚姻。

小胡的妻子是带着孩子嫁给他的，而他却能视如己出地对待孩子。对于妻子，他也宽容大度地接纳了她的过去。

小胡是一家医院的检验员，工作很好，按说，他应该能找到一个优秀的对象，可是他是个内向的男孩，身边有很多女孩，却没有人能走进他的心。

有一次，小夏来医院准备打掉孩子，因为她和丈夫刚刚离婚，她不想以后拖着个孩子过。在医院，她碰巧遇到小胡，两人一见如故，因为当日医院妇产科排队的人太多，她不得不以后再去。小夏被眼前高大帅气又善解人意的男孩吸引了。两人互相留了电话。

在后来的几天里，小胡以短信的方式安慰小夏，让她不要打掉孩子。就这样，你来我往，小夏和小胡坠入了爱河。小胡对外称孩子就是他的，虽然家里人知道，也表示了反对，但他还是顶着压力和小夏结婚了。

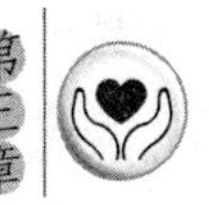

这是令人羡慕的一对，小胡的举动也为相爱的人们做出了表率。既然相爱，他就不会在乎她的那段历史，更难得的是他还接受了她的孩子，接受了她的一切。

真正的爱情是不会为外在的一些原因所左右的，两个相爱的人也不必在乎外在因素。真诚相爱本就已经难能可贵了，我们又何必对其他琐事斤斤计较？

放下伤痛，懂得宽容

有的人选择为爱情而结婚，有的人选择为结婚而放弃爱情。爱情和婚姻的世界都有着背叛和抛弃，因为每个人对爱情和婚姻的选择不一样，理解也不一样。

人的一生风雨几十年，情感支撑着我们在风雨飘摇的世界里勇敢前行，亲情、爱情和友情温暖着我们的人生。对于爱情，每个人的体会都不一样。有人说，爱情像天空的颜色，永远是那么的清澈，那是因为他的爱情很美好；有人说，爱情好比老槐树般可靠，那是因为他的爱情坚固而浪漫；而有人说，爱情就是一杯毒药，让人无法自拔，那是因为他在爱情里沉沦，泥足深陷；还有人说，爱情是一把匕首，那是因为他被爱情伤得很深……爱情不像电脑中的程序可以被删除，它永远留在了人的记忆中。

有的人选择为爱情而结婚，有的人选择为结婚而放弃爱情。爱情和婚姻的世界都有着背叛和抛弃，因为每个人对爱情和婚姻的选择不一样，理解也不一样。

面对爱情和婚姻中的失败和背叛，我们要学会放下，懂得宽容。挽留和纠缠是徒劳的，你要明白，是你的，永远是你的，你就应该好好珍惜；不是你的，强求也强求不来。

放下那个不属于你的人，你才会快乐；放下那段不该有的感情，你才能解脱。宽容那个背叛你的人，你才能成就大度，不在感情的世界里迷失自己，不让自己一味地陷在爱情的泥潭中不能自拔。

如果你不懂得宽容，不懂得放下，受伤害的永远只有你自己！

他是个搞设计的工程师，她是中学毕业班的班主任老师，两人都错过了恋爱的最佳季节，后来经人介绍而相识。没有惊天动地的过程，平平淡淡地相处，自自然然地结婚。

婚后第三天，他就跑到单位加班，为了赶设计，他甚至可以彻夜拼命，连续几天几夜不回家。她忙于毕业班的管理，经常晚归。为了各自的事业，他们就像两个陀螺，在各自的轨道上高速旋转着。

送走了毕业班，清闲了的她开始重新审视自己的生活，审视自己的婚姻。她开始迷茫，不知道自己在他心里有多重要，她似乎不记得他说过爱。她是个浪漫的女人，她觉得自己经历的是一段根本不想要的婚姻，没有丝毫的波澜，于是，她拿出了离婚协议书，他什么都没说，签了字。

后来她在张家界旅游的时候认识了一个艺术家，不久他们就结婚了。

而就在她结婚后的第二天，她得知前夫自杀的消息。她收到一封信，上面有这样几行字："很多时候，爱是埋在心底的，尤其是婚姻进行中的爱，平平淡淡，说不出来，但是真实存在。自从和你结婚以来，你就是我的全部，只是我不喜欢说出来，你可以不爱我，但你不能嫁给别人！"

这是一个沉痛的悲剧。他不敢正视妻子和自己离婚的原因，却又始终对妻子心心所念，割舍不下。当妻子和别人结婚的时候，他陷入了绝望，从而结束了生命。

面对婚姻中的一些问题，比如婚外恋，我们又应该如何面对呢？忘记那段历史，宽恕你的爱人，不要耿耿于怀，这也许是最明智的选择。既然爱对方，就不要计较太多，宽容地原谅和接纳，两个人才能幸福。

的确，在当今社会中离婚和出轨现象越来越多，面对这种情况，大多数的人选择大吵大闹或纠缠不清。而明智的人选择的是宽容与饶恕！有个女人在她丈夫死后，写了这样的忏悔录：我曾经与张同深深相爱，但是我的母亲让我嫁给

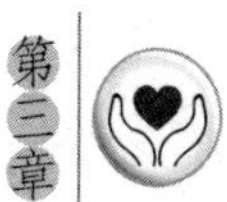

王志，他是一个教师。我不同意，但是面对家庭我别无选择。与他结婚后，我一直不爱他，但是他很爱我疼我。随着女儿的降生，我的心扑在了女儿身上，他十分疼爱我的女儿。我曾要求离婚，他说等学校分了房子之后。后来我们分居了，他在学校我在家中。有一次，他在上楼时摔了下来，到医院检查，他已是癌症晚期！原来，他早已知道只是不告诉我。在医院，我遇到了我曾经的爱人张同，丈夫看见我后，便对他说："你们出去聊聊！"我与张同走到外面，他对我说："当年我听说你结婚后很伤心，在王志回家的路上拦住他给了他一刀，王志面对我说'我虽对你有夺妻之恨，但是却对你有养女之恩！'我听后把他送到医院，陪了他几天，他好后我对他说，只要他活着我就再也不见你！"原来他早已从原来的同学照中看出女儿不是他的，但是他对孩子还是那样好，胜过亲生的女儿。

故事中的丈夫明明知道妻子背叛了他，可还是无悔地爱着她；明明知道女儿不是亲生的，但是他依旧视如己出。他是个宽容的男人，他的爱早已胜过了爱情。

也许对于一个男人来说，妻子背叛自己，自己的女儿也不是自己亲生，这样的念头会让他怒火中烧，痛不欲生。可是，一味地计较和指责带给自己的只有伤痛和折磨。而用宽广的胸襟去原谅和接纳，却会使自己的世界春暖花开。

宽恕你曾经爱过也恨过的人，宽恕他的背叛，同时也宽恕你自己。现在让你痛不欲生的伤痕，在时间的治疗下也会慢慢变淡。若干年后，当你已经老态龙钟，穿着一身宽松的衣服，坐在躺椅上凝视漫天晚霞的时候，心中再泛起这段往事，有的只是一种淡淡的忧伤和甜蜜。

生命如流水一样清澈，像温暖的大地一般宽厚。做到宽容，放下情执，那种热烈而清澈，宽厚而自由的生命，不正是我们所应拥有的吗？

放下束缚的爱，是对自己的成全

被束缚的爱苍白、无力、冷漠，不要让这样一份爱打乱了你人生前进的脚步。只有放下这种束缚，你才会解脱，对方也才能解脱。

泰戈尔说："爱一个人，就应该把你的爱像阳光一样包围她，然后给她自由。"爱情是自由奔放的鸟儿，假如你控制它，它就会因为你的束缚而失去自由，最终它会在你给它限制的空间里禁锢而死。好比爱情，当你和你的爱人都被爱束缚的时候，你们之间不再是相濡以沫，不再是心心相印，而只是寒暄和煎熬，这个时候你们之间就不再是爱情。这时你应该放手，还对方自由，否则你们都会受到这种变质的爱的束缚，你们都只会让爱折磨得精疲力竭。

真正的爱情是自由的，当对方感觉这段爱已经让自己很疲惫的时候，这就不是真爱了。真爱是自由的，是忠于自己的思想和灵魂的，是不受任何外在事物束缚的。

在上海打工的奥美接到父母从老家打来的电话，说父亲病重。可回家一看，父亲根本没病，原来家里人是让她和前年定亲的小伙子结婚，可是她认为自己还要在上海发展，还要奋斗，她不希望自己早早地就结婚。为了这事，父母什么招儿都试过，希望她回家结婚，她被这桩婚事弄得焦头烂额。于是在回家的第二天，她买了返程的票，并以自己的名义和男方家里把自己的想法真实地讲明白，对方是个很明事理的人家，自然也就没有再为难她。从此，她心底的石头终于落地了，终于能轻松愉快地投入工作和生活。

在当今这个婚姻和爱情自由的时代，她的父母却给她安排了一桩束缚她的婚姻，追求自由的她当然不会妥协。事实证明，她的"反抗"是明智的，她没有被父母安排的婚姻束缚，而是选择了自己的道路。

被束缚的爱苍白、无力、冷漠，不要让这样一份爱打乱了你人生前进的脚

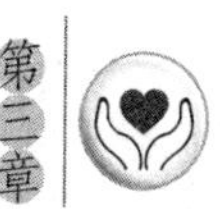

步。只有放下这种束缚，你才会解脱，对方也才能解脱。这种爱不是建立在精神层面的自由，不是独立的两个个体的精神上的相依，它会因为生活的风雨而迅速坍塌，经不起生活的历练而最终分崩离析。既然如此，就放下这被束缚的爱，还彼此自由。

在现实生活中，当爱不再自由的时候，就要学会放下，不要再留恋。爱情没有对错，可是执著于一场没有自由的爱就错了。放下它，还自己一个自由，也还对方自由。

单纯的她就喜欢上了一个有妇之夫，最终她的爱结束在他的悄无声息的离开。

和他在网上相遇，是在一个无聊心烦的晚上。那天，她漫无目的地点了同城市的一个很有诗意的名字，加为好友，然后发了一句问候，他迅速地做出了应答。她说很烦，能不能聊会儿，他说好啊。就这样，他们海阔天空地聊了起来，他很幽默，因为她对他说心烦，所以他给她发了好多很好笑的图片，讲了一个个笑话，逗得她开怀大笑。然后她下了线，但并没有把他从好友中删除，因为她能感到，他是个很不错的男人，也许值得深交。

再后来，她每次在网上碰到他，他总是先和她打招呼，总是有好多话题和她聊。看得出，他是个见多识广，经过很多沧桑的男人。但如果她在网上做别的事情，不和他谈话时，他总是默默地守在一边，并不来打扰她。当她问他为什么还在网上时，他总是笑笑说："等你啊。"

渐渐地，她想和他谈的话题也多了起来，她和他谈起她的烦恼，谈起她的快乐，谈起她的理想，谈起她的家庭，谈起她的工作。他也总是能给她很多很好的建议。他比她大 10 岁，所以她把他当做了哥哥，对他也有了深深的依赖感。每天上网时，总想见到他的身影，如果看不到他，她总有一种说不出的失落感。她是一个外乡人，在这个陌生的城市没有朋友，没有亲人。所以，他总是在网络的那边关心她，天冷时，他总是嘱咐她莫忘了多加件衣服；下雨时，他总是嘱咐她出门时莫忘带雨伞，因为她不能淋雨，一淋雨就感冒。当他一遍遍嘱咐她时，她总是笑着说他啰嗦。但说归说，她还是感动于他的关心。

时光匆匆，他们在网上已经认识几个月了，彼此都已经很熟悉。一天，他笑着说："丫头，我能看看你吗？我想看看古怪精灵的丫头究竟长的什么样子。"见了面以后，两人终于相爱。可是，他是个有家庭的人。

她和他偷偷摸摸交往了一段时间。他的内心一直在挣扎，他束缚了她，她还可以找个好归宿，而他们之间是没有结果的。于是，他长时间不上 QQ，并且新换了一个号码。他希望她能过得快乐，在这个城市遇见真正能让她幸福的人。他希望她能把他忘记，他不想束缚她。

放下束缚的爱，是一种爱的艺术。不要做一个爱情的乞讨者，不要品尝爱情的残羹冷炙，不是你的爱情不要去追逐，还对方自由，还自己自由！

戒除消极心态，人生不如意十之八九，放下才能快乐

人有七情六欲，情绪也随之变化万千。生活中有很多令我们产生坏情绪的源泉，你会因气馁而自暴自弃，你会因一气之下做出不理智的举动而让自己悔恨不已，你会因为长期的忧郁让心灵蒙上阴影，怨天尤人的你止步不前，突破不了自己。就如哲人所说，人之所以烦恼，是因为不懂得如何放下。我们只有放下这些坏情绪的干扰，积极面对生活中的不如意，才能让人生呈现更多快乐和美好的画面。

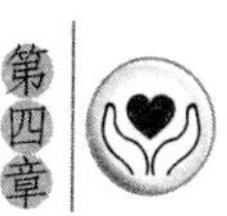

人活着，就不必太较真

面对生活中令你不如意的事，多从另外一个角度考虑问题，就能让自己心平气和地面对，就不会因为较真而把事情扩大化。

处于复杂的社会中，难免会有麻烦事来打扰你，令你伤神。那些善待自己的人，凡事用一颗宽容的心来对待，而不是斤斤计较，争个谁是谁非。

正所谓，“水至清则无鱼，人至察则无徒。”做人不能太较真儿，即使你最终赢得了眼前的“争斗”，你也输了，你失去的更多，你获得的最多是个“口服”，而不是“心服”。

生活中的很多事都需要我们一笑了之。你完全没有必要与原本与你无仇无怨的人瞪着眼睛较劲。假如较起真儿来，事态严重了的话，万一酿出个什么严重的后果，那就太不值得了。很多事情之所以产生严重的后果，一发不可收拾，就是因为逞一时之勇，爱较真儿。触犯你的人不可能无缘无故触犯你，假如我们能设身处地地从别人的角度考虑问题，那么很多矛盾就不会产生了。

老王总是抱怨他们家附近超市的售货员态度不好，像谁欠了她巨款似的。后来他的妻子打听到了女售货员的身世：她丈夫有外遇和她离了婚，老母瘫痪在床，上小学的女儿患哮喘病。她每月只能赚四五百元，一家人住在一间 15 平方米的平房里。难怪她一天到晚愁眉不展。老王从此再不计较她的态度了，甚至还建议街坊邻居都帮她一把，为她做些力所能及的事。后来这个售货员的家境在街坊的帮忙下改善一些后，总是笑脸迎人。这就达到了“双赢”效果。

在公共场所遇到不顺心的事，实在不值得过度较真儿、生气。假如你能放下这种较真儿的坏脾气，对方也会被你的大度折服。同样，在家庭生活中，只要你放下自己的坏情绪，凡事别太较真儿，细心听他（她）的唠叨，你会发现他（她）真的很辛苦。生活中的很多矛盾也就“化干戈为玉帛”了。有这样一个经典的吵架案例：

一对年轻夫妻中的太太哭着跟朋友说：“你快来！我恨他！我要和他离婚！”当她的朋友快速赶到他们家时，他们吵得正厉害。

丈夫说：“她很无聊，我上班好累，她说晚上要去散步，我说改天，她就又哭又闹，真是讨厌！”

妻子说：“你才讨厌，我在家作牛作马为这个家打扫，为你做饭，为你生孩子，我只要求散步，你就会累死啦？”

妻子说：“哼！早知道生了小孩你不管，我根本就不生，我们女人为何辛苦生下孩子，就一定要负责孩子的一切，又不能出去工作。”

丈夫说：“喂！生孩子又不是你一个人能办到，没有我你生什么。”

妻子说：“哼！你有何贡献？”

丈夫说：“哼！没有我的贡献你生什么？”

妻子说：“哈哈！你贡献了，那看看我们女人的贡献：我怀孕要忍耐呕吐，我要小心饮食，我连生病都不敢吃药，我要为肚里孩子注意一切，我怀孕行动不便，我不能远行郊游，我要穿上大肚装，我要担心肚里孩子是否健康，我要定时去医院检查，我怀孕要破坏身材，我要烦恼妊娠纹的出现，生产后要努力恢复身材使丈夫不嫌弃，我要忍受疼痛……”

他沉默了。

这场架吵完了，想一想，好像事实真是如此。他什么都没说，只是将妻子抱了抱，对她说：“对不起，我没有考虑到你的感受，我会加倍爱你。”

他是个大度的男人，听了妻子的话，他发现自己妻子真的很辛苦。而他以前忽略了这一点，所以，当妻子对他发了一连串的“攻击”以后，他没有较真儿，而是选择了沉默和一个歉意的拥抱。

面对生活中的令你不如意的事，多从另外一个角度考虑问题，就能让自己心平气和地面对，就不会较真儿地把事情扩大化。不较真、能容人的人，都是懂得放下的人。对某些问题太过执着，斤斤计较，受伤的只能是自己。

做人能从对方的角度设身处地地考虑和处理问题，多一些体谅和理解，那么我们的生活中就会多一些友谊，少一些敌人。你的人生之路也会越走越宽广！

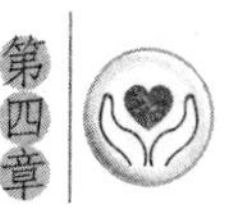

越是抱怨，越无法真心感受幸福

一味抱怨不能解决问题，只会让你在困难中丧失斗志。

在现实生活中，我们看见很多人都在抱怨，抱怨命运的不公，抱怨出身的寒微，抱怨人际关系难处，抱怨自己赚钱少，怨天怨地、怨社会，如果遇到不如意的事情都抱怨的话，那我们会整日活在一片怨声之中。爱抱怨是影响情绪的通病之一，习惯抱怨而不谋求改变，这不是聪明人的做法。人活于世，挫折、失败不可避免，抱怨只会磨灭你的斗志，让你在困难面前驻足。所以，我们要放下抱怨，积极地直面人生，迎接挑战和困难，这样你的人生才会绚丽多彩。

一个背负着货物到远方去交易的人只有当他赚了大把大把的钱回来的时候，人们才会羡慕他的成功；而当他人在旅途负重前行，艰难跋涉甚至苦难重重的时候，抱怨有什么用？抱怨除了招来别人的轻蔑，并不能招来人们对他的尊重。

春秋战国时期的苏秦，满怀梦想和一腔热血，初次游说天下，以实现自己的雄心壮志，虽历经数年，却以无情的失败而宣告结束。当他回到家中得到的却不是安慰，而是兄嫂、弟妹，甚至是妻子的嘲讽。然而，他并没有抱怨这一切，而是头悬梁，锥刺骨的日夜苦读，穷思，心中终有所悟。再次游说天下，终挂六国相印，位尊王侯，富甲天下，大家都对他另眼相看。

人生谁不曾有困难，谁在人生路上都不会一帆风顺，抱怨有什么用？不要让抱怨的情绪影响你的斗志，把它放在身后，你才能大步向前。

你有勇气迎接 1849 次拒绝吗？你经历过 1849 次拒绝吗？如果没有，就不要抱怨：好运为何不在我身上降落！

在美国，一位穷困潦倒的年轻人，即使身上全部的钱加起来都不够买一件像样的西服的时候，仍全心全意地坚持着心中的梦想。他想做演员，拍电影，当明星。当时，好莱坞有500家电影公司，他根据自己的路线与排列好的名单顺序，带着自己写好的剧本前去一一拜访。但第一遍下来，500家电影公司没有一家愿意聘用他。

在第二轮的拜访中，他仍遭到了500次的拒绝。第三轮的拜访结束的结果仍与第二次相同。这位年轻人咬牙开始他的第四次行动。当他拜访完第349家后，第350家电影公司的老板破天荒地答应他留下剧本先看一看。几天后，年轻人获得通知，请他前去详细商谈。在这次商谈中，这家公司决定投资开拍这部电影，并请这位年轻人担任男主角。这部电影名叫《洛奇》。这位年轻人叫席维斯・史泰龙。翻开任何一部电影史，这部叫《洛奇》的电影与这个日后红遍全世界的巨星都榜上有名。

"结局好一切都好！"这是西班牙作者葛拉西安在他的《智慧书》中，给我们留下的一句耐人寻味的话。史泰龙的成功告诉我们，人生的路途谁也无法预料，当我们追求梦想的时候，困难会像冰雹一样砸向我们，我们不能避免困难，可是我们能有一颗安然的心，不去抱怨，你可以做的不仅是抱怨，更重要的是激起顽强的斗志。当战胜困难，站在成功的舞台上的时候，你会有一种酣畅淋漓的快感。

生命之所以伟大，就在于对命运的不断挑战，"不抱怨"是一把钥匙，在人生迷茫的时候，借助这把钥匙，我们能把勇气延伸到奋斗中的方方面面。

1832年的美国，有一个人和大家一同失业了。他很伤心，但他下决心改行从政。他参加州议员竞选，结果竞选失败了。他着手开办自己的企业，可是，不到一年，这家企业倒闭了。此后几年里，他不得不为偿还债务而到处奔波。

他再次竞选州议员，这一次他当选了，他内心升起一丝希望，认定生活有了转机。1851年，他与一位美丽的姑娘订婚。没料到，离结婚日期还有几个月的时候，未婚妻不幸去世，他心灰意冷，数月卧床不起。第二年，他决定竞选美国国会议员，结果仍然名落孙山。但他没有抱怨，而是问自己："失败了，接下去该怎么做才能获得成功？"1856年，他再度竞选国会议员，他认为自己争取作为国会议员的表现是出色的，相信选民会选举他，但他还是落选了。为了挣回竞选中花销的一大笔钱，他向州政府申请担任本州的土地官员。州政府退回了他的

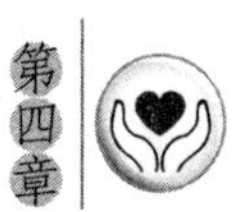

申请报告，上面的批文是：本州的土地官员要求具有卓越的才能，超常的智慧。

在他一生经历的11次重大事件中，只成功了2次，其他都是以失败告终，可他始终没有停止追求。1860年，他终于当选为美国总统。他就是至今仍让美国人深深怀念的亚伯拉罕·林肯。

一味抱怨不能解决问题，只会让你在困难中丧失斗志。林肯面对一次次的失败，他一次次地站起来，没有一丝对命运的抱怨，没有一丝想要放弃的意念，最终他获得了渴望的成功。

不抱怨是一种力量，它能改变你的处境。不抱怨还能让你在困难和逆境中保持一份良好的心情，感受别样的快乐。一个人的快乐，不是因为他拥有的多，而是因为他计较的少。放开你的眼界，放开你的心，当抱怨远离你时，人生的幸福感才会离你越来越近。

别总把悲伤的事放在心上

“放下”是一种人生的智慧，悲伤也是可以放下的，我们要学会及时清洗自己的心灵，不要让悲伤长时间积压在心底。

生活像一只装满水的瓶子，而心情就是杯中的水，随便晃动都可以溢出来。当你悲伤的时候，这些水就会带着苦涩的味道从你的泪腺涌出，而你则像只气球，好不容易一点一点积蓄的快乐，总会因为一件悲伤的事轻易破裂，努力找寻来的快乐，也会被悲伤赶走。所以，我们要放下悲伤这种情绪，别总把悲伤的事情放在心上！

人生难免经历挫折和悲伤，但雨过天晴，天空终究会晴朗。悲伤常有，可是不要总把它放在心上，时间长了，这种低落的情绪会影响到你的生活，更会在心底留下阴影，造成心理疾病。

放下悲伤的事，才能真正活得轻松；走出悲伤的阴影，才能重见美好生活的光明。

“执子之手，与子偕老”这是一种令人羡慕的婚姻状态，但有很多这样的老夫妻，其中一方逝世之后，另一位不久便因为悲伤，郁郁而终。感情的真挚的确伟大，可是我们能从中看见悲伤的坏处与弊端。

其实，这些老人不应该让自己沉浸在失去老伴的悲伤中，可能你会孤独，但你可以战胜孤独。可能你会伤心，想随之而去，可是身在天堂的老伴希望的不是这样，而是希望你好好生活下去。

一位母亲亡故后，孩子们都担心他们的父亲熬不过一年半载的时光也会随她而去，毕竟他是 86 岁的人了。

出人意料的是，如今母亲去世 3 年了，父亲仍活得硬朗而昂扬。让人觉得，他好像是为了某个信念而活着。

为了战胜悲伤，老人把老伴的相片摆在床头，像生前一样朝夕相处。天亮了，老人睁开眼睛，第一束阳光就投到老伴的遗像上。他唤着妻子的小名，喃喃道：“春，我醒了，睡了一个好觉，看来今天又能对付过去了。你在那边还好吗？”

晚上就寝前，他又说：“春，我要睡觉了，也许会在梦中见到你呢。”

老人家衰弱的生命活得激昂而执著，他向孩子们透露了一个秘密。

老人家说，妻子在弥留之际，嘴唇翕动，却发不出声来。她在老人的手心画了个“活”字。

老人明白了，混浊的老泪滴落在妻子的手背上，他攥紧妻子的手，大声地说：“你放心，我会好好活下去的。”这句话，当时老人说了三遍，于是，老伴含笑去了。

人固有一死，留下的人一味悲伤只会让自己处于孤独中，暂时的悲伤情绪可以发泄失去亲人的痛。可是长久的悲伤会给自己的心理蒙上一层阴影，这个老人为了老伴的嘱托，他让自己努力放下悲伤，即使年迈，可是活得很顽强。

2008 年的“5.12”大地震造成的惨状还在人们脑海里回荡，无数生命结束在了这场罕见的大地震中。很多四川人的心里永远忘不了这段痛苦的记忆，可是他们很坚强，他们放下了悲伤，勇敢地面对，积极投入到救灾工作中。被誉为“最坚强的警花”的蒋敏就是这样一个坚强的四川人。

蒋敏出生于美丽的北川小坝乡。汶川特大地震摧毁北川县城，蒋敏有 10 位

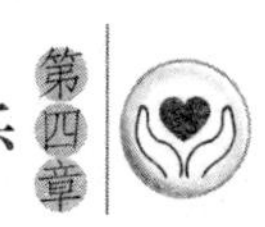

亲人遇难，包括她2岁的女儿。但这位彭州市公安局女民警强忍悲痛，坚持战斗在抗震救灾第一线，默默地搭建帐篷，呵护受灾的老人，抚慰睡眠的婴儿，她说："我回去了，我的活就没有人干了。"蒋敏朴实却绝对震撼心灵的简单回答感动了亿万同胞。5月22日，蒋敏被授予"全国公安系统一级英雄模范"荣誉称号。

在2009年春晚的节目现场连线时，她说："这个新年对我来说，意义很特别。因为能够上春晚，我可以把祝福送给更多的人！2008年终于过去了，悲伤都过去了，我们要微笑地面对生活。希望大家牛年行大运，都顺顺利利，每个人都心想事成！"

痛苦是暂时的，过去的就让它过去吧，不要让悲伤长时间围绕我们，凡事有舍就有得。"放下"是一种人生的智慧，悲伤也是可以放下的，我们要学会及时清洗自己的心灵，不要让悲伤长时间积压在心底，不要让人生因为悲伤迷了路。除了悲伤，我们可以做的事还有很多。放下悲伤，才能重新踏上人生征程！

不必为小事自生自气

生命如此短暂，如果我们将精力都花在小事上，那岂非是浪费了宝贵的生命？放下这种坏情绪，不要让它成为你的羁绊。

生气主要是由于外在环境的刺激，除非是圣人，否则，一般平凡人皆会因为生活中的一些事而生气。只是有些人能正确地引导自己的情绪，而有些人则不能控制自己，这些人经常会为了一些小事大发雷霆，暴跳如雷。

在生气的状况下，我们往往会做出不理智的决定，产生令自己后悔的结果。因此，我们不妨放下这种坏情绪，不要因为一些小事动不动就生气。

生活中，让你生气的事实在太多，难道每件事你都要气上一番，小事不妨看开点，何必生气？放下生气的坏情绪能让你的生活更添美好，更添和谐。

从前，有一个妇人，特别喜欢为一些烦琐的小事生气。她也知道自己这样下去不好，便去求一位高僧为自己谈禅说道，开阔心胸。高僧听了她的讲述，一言不发地把她领到一座禅房中，锁上房门就离开了。妇人气得跳脚大骂。骂了很久，高僧也不理会。妇人又开始哀求，高僧仍置若罔闻。妇人终于沉默了。

高僧来到门外，问她："你还生气吗？"妇人说："我只为我自己生气，我怎么会到这地方来受这份罪。""连自己都不原谅的人怎么能心境如水？"高僧拂袖而去。过了一会儿，高僧又问她："还生气吗？"

"不生气了。"妇人说。"为什么？""气也没有办法呀。""你的气并未消逝，还压在心里，爆发后将会更剧烈。"高僧又离开了。高僧第三次到门前，妇人告诉他："我不生气了，因为不值得生气。""还知道值不值得，可见心中还有权衡，还是有气根。"高僧笑道。

妇人问高僧："大师，什么是气？"

高僧将杯子的茶水倾洒于地。妇人视之很久，顿悟。叩谢而去。

在生活中，人们总喜欢为了一些鸡毛蒜皮的小事生气，争执不休，甚至大打出手，其实，冷静下来想一想，也就是那一盏可挥发的茶水，气消消也就没有了，生气只是浪费精力又无意义的事情，何苦拿生气来折磨自己呢？

没有人愿意生气，但在现实生活中，我们还是经常会为小事而生气。在生气中，人们容易做出没有经过谨慎判断的事，放下生气的坏情绪能让你的生活更添美好，更添和谐，也能让你的心态更加平和。

每一天都是快乐的，人生中的快乐色彩才更浓厚，我们活得也就更有意义。哲人说，生气就是拿别人的错误来惩罚自己。做人不要为一些无所谓的事情而伤神费力。聪明人的聪明之处，是善于利用理智，将情绪引入正确的表现渠道，使自己按理智的原则控制情绪，用理智驾驭情感。

当你生气的时候，不妨转换角度想一想你不该生气的理由，这样你就能放下了。

从前，有个地主，每次生气和人起争执的时候，就快速跑回家去，绕着自己的房子和土地跑3圈，然后坐在田地边喘气。他工作非常努力，他的房子越来越大，土地也越来越广，但不管房地有多大，只要与人争论生气，他还是会绕着房子和土地跑3圈，他的这种行为，所有认识他的人心里都很疑惑，但是不管怎

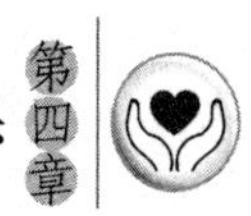

么问他，他都不愿意说明。

直到有一天，当他很老的时候，他的房子和土地已经很广大。他生气时，又拄着拐杖艰难地绕着土地和房子走，等他好不容易走3圈，太阳都下山了，他独自坐在田边喘气，他的孙子在身边恳求他：爷爷你年纪大了，这附近地区也没有人的土地比你更大，你不能像从前那样，一生气就绕着土地跑啊，你可不可以告诉我这个秘密，为什么你一生气就要绕着土地跑上3圈？

他禁不起孙子恳求，终于说出隐藏在心中多年的秘密，他说："年轻时，我每次和人吵架、争论、生气，就绕着房和地跑3圈，我边跑边想：我的房子这么小，土地这么小，我哪有时间、哪有资格去跟人家生气，一想到这里，气就消了，于是就把所有时间用来努力工作。"

孙子问道："爷爷，你年纪老了，又变成最富有的人，为什么还要绕着房和地跑？"他笑着说："我现在还是会生气，生气时绕着房和地走3圈，边走边想，我的房子这么大，土地这么多，我又何必跟人计较？一想到这儿，气就消了。"

每个人都会遇到让自己生气的小事，当你要生气的时候，你应该想：我哪有时间来生气？我应该去做更重要的事，我的现状不容我生气。当你已经拥有很多的时候，你应该想，既然我已经拥有很多，我更没有理由生气了，这样，你也就能放下生气的坏情绪了。

生命如此短暂，如果我们将精力都花在小事上，那岂非是浪费了宝贵的生命？放下这种坏情绪，不要让它成为你的羁绊。

放下紧张，人生需要一颗轻盈的心

遇事时，有人容易紧张，有人却能放下紧张，自在从容。紧张会让你头脑不清晰，手忙脚乱，那么也必定无法将问题考虑周全。

不论平淡无奇，还是轰轰烈烈，不论一帆风顺，还是波折坎坷，我们的生命都似流水在流淌着，弯弯曲曲地奔向前方。生活中也可能出现一些小波折，但不要紧张，其实这并没有什么可担忧的，放下紧张，轻松面对才能处理好事情，才能以轻松的脚步走好人生每一步路。

凡事保持一份泰然处之的心态能让我们遇事不惊不慌，轻松化解。很多时候事情也没我们想象的那么复杂，我们不妨放宽心，把事情往好处想想，不要让紧张乱了阵脚。

随着时代的发展，中学生“早恋”的现象越来越多，很多人担心孩子早恋会影响学习。为此，一些家长整日为此紧张着，恨不得和自家孩子一起上学，老张就是这样的家长，因为她的干涉，孩子和她之间的关系弄得很僵。她听邻居说儿子经常和一个女生一起回家，一紧张，于是捕风捉影地问起了。

“你们班的学习风气怎么样？”

儿子说：“就那样呗！”

“噢，是这样。那……那你们同学有没有因为谈对象而影响学习的？”

“啊？有吧！具体我也不太清楚。”

“噢，那……那……你有没有谈啊？”老张故作玩笑状，其实心都跳到嗓子眼上了。

“没有，不用担心。”儿子很放松地说道。可当妈的老张却不太相信，还得试探试探，“那有没有女同学给你写纸条啊？”

“没有啊，怎么会有呢！你烦不烦啊，老问这个！”孩子有点不耐烦了。

老张也不知道该说什么好了，干脆和孩子讲起大道理，什么早恋会耽误学习，初恋成功的比率很低，你现在还不成熟……

儿子看起来很听话地点着头。她就继续问：“那经常和你一起的那个女生是谁啊？”

儿子一听，原来母亲是在试探自己，还拐弯抹角，这下子他火了：“妈，你怎么这样啊？你怎么这么不相信我？”说着，他把门一摔，就进屋了。

老张为这事过于紧张，即使孩子真的早恋，也应该保持冷静，用正确的方式引导，而不是用这种方式盘问孩子，这会给孩子一种不信任的感觉，更甚者，也可能让孩子产生逆反心理。

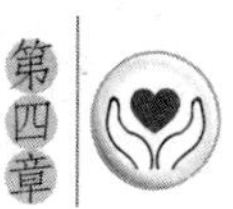

老张应该放下紧张，通过别的渠道了解清楚再做打算，如此也不会造成和孩子之间关系的僵持。

遇事时，有人容易紧张，有人却能放下紧张，自在从容。紧张会让你头脑不清晰，手忙脚乱，那么也必定无法将问题考虑周全。生活中经常会出现因情绪紧张而导致的事件，例如拆错信件、接错门铃、误吃药物、以醋当酒等。甚至，驾驶汽车时如果过分紧张，往往在紧急的时候踏错刹车板，反而踩到油门，后果真是不堪设想。

很久以前，有一位生性容易紧张的媳妇，经常因为紧张的情绪闹笑话。一日接到娘家口信，说有急事。这位媳妇一听，立刻从床上抱起孩子，拔腿就往娘家跑。途经一片冬瓜田，不慎被瓜藤绊了一跤，抱在手中的孩子也随着跌到瓜田里。她自己先是一骨碌爬了起来，摸摸孩子，赶快抱起来又继续跑。回到娘家一看，抱着的不是孩子，竟是一个冬瓜，不禁悲从中来，痛哭失声。

娘家的兄长先是对她安抚一番，然后陪同赶回冬瓜田里寻找孩子，哪知寻不着，却找着了一个枕头，原来她误抱了枕头。忧心如焚的媳妇，百般无奈，只得又抱着枕头先行回家。回到家里一看，发现孩子正安然地在婆家的床铺上酣睡着。婆家人闻言，不禁哑然失笑，一旁的叔叔也忍不住说："嫂嫂，你真是太紧张了！"

这只是一个笑话，但却让我们知道，紧张容易出乱子，在我们平常的生活里，每天也不知道要发生多少起这种因为紧张误事的例子！有的人，为了等待约会中的另一个人，精神恍惚，心神不得安宁；有的人为了股票涨落，紧张彷徨，短短的几个小时似乎能让他老了几岁；更有人为了一件小事，急得大汗直流。忙乱中，我们总是顾此失彼，容易误事。

紧张会让你在考场上怯场，担心自己考不好，而结果就是你无法放松，最终发挥失利；紧张会让你在一次大型的演讲中半天说不出话来；紧张会让你在公司大型聚餐活动中失态，陷入难堪境地……紧张会导致很多不良状况，生活被紧张打乱了节奏。

既然如此，就放下紧张，保持轻松的情绪，其实事情真的没有什么大不了，你没必要紧张。凡事往开处想，这个世界上没有解决不了的问题，放下紧张，保持轻松才能用正常状态的思维思考、解决问题，才能处理好事情！

自我安慰，退一步看待人生的不顺

人生于世，想不遭受失败和挫折几乎是不可能的，但是调整好自己的心情，使自己不在烦恼的海洋里陷得更深，却完全可行。

有很大一部分人，对世事、对自身都抱有很高的期望，因为一心向前的冲力太大，碰到挫折阻力时，心理的适应性跟不上，由此产生的悲伤和恼怒就会被放大，在很长时间内都不能解脱。这对我们的身心健康的危害是非常严重的。

美国生理学家爱尔马有这样一个实验：把一支玻璃管插在正好是零摄氏度的冰水混合容器里，然后收集人们在不同情绪状态下的“气水”，以此描绘出人生气的“心理地图”。结果发现，当一个人心平气和时，呼出的气溶于水后是澄清透明的；悲痛时，人呼出的气溶于水中有白色沉淀；生气时，有紫色沉淀。他把人在生气时呼出的“生气水”注射在大白鼠身上，几分钟后大白鼠就死了。由此他得出结论：生气10分钟会耗费人体大量能量，其程度不亚于参加一次300米赛跑。生气所引起的生理反应十分强烈，产生的分泌物比其他情绪所产生的都复杂，并且更具有毒性。因此，动不动就生气的人很难健康。此后，爱尔马告诫人们：人尽量不要生气，母亲千万不要在生气时或刚生完气时给孩子喂奶，因为这时母体分泌的乳液是具有毒性的。

人生于世，想不遭受失败和挫折几乎是不可能的，但是调整好自己的心情，使自己不在烦恼的海洋里陷得更深，却完全可行。这时候，只要后退一步，你就会发现海阔天空，人生照样美好，天空依然晴朗，世界仍是那么美丽，你会得到很多东西，而不是失去。

1.做生意，原本想肯定能赚100万，由于种种原因，最后只有10万到手。这样的时候，你后退一步想想：毕竟没有赔钱。当然了，退不是逃，你得总结一下，

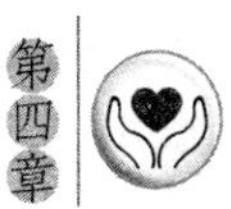

那 90 万是怎么未到手的。

2.公司里人事调整，你原想这次自己肯定升职，可宣布各部门人选的时候，你侧着耳朵听也没听到老板念你的名字。这样的时候，你先别生气，后退一步：毕竟没有被炒鱿鱼。然后想想自己为什么没有被提拔，如果的确不是你的错，那就是老板没长一双慧眼，没发现你这颗珍珠，那损失的是老板而不是你。让他遗憾去吧！

3.单位里评定职称，你差一点就评上了。这样的时候，你后退一步：这次差一点，下次就一点不差了。那么，回去再努力一年。这一年，你的成绩可能会大大令人惊讶。

4.被公司老板给炒了。这肯定不如你炒他心里那么痛快，老板炒你肯定有他的理由，但你别去问，一问显得你没劲。你后退一步：毕竟只是被老板炒了，而不是被坏人杀了，只要大脑在，双手在，天下的老板多的是，老天爷还饿不死瞎眼的家雀儿呢。没有工作了，还有许多路等着你呢。

5.做股票，这只股票本来可以赚 5 万元，由于贪心，只赚了 5000 元。你别光骂自己蠢，后退一步：毕竟还赚了 5000 元，而不是赔了 5000 元。下次不要再太贪心就是了。要是这次赔了 5000 元，也后退一步：毕竟只赔了 5000 元，而不是赔了全部，下次不犯类似的错误，再赚回 5 万元就行了。

6.生病。已经生病了，心情肯定不会很好，但心情不好对你身体的恢复只有坏处没有好处，因而尽量使自己不要沉迷在生病不好中不能自拔，后退一步：毕竟只是生病，那就趁这个机会好好休息一阵，平时难得有这样的机会。

人生不如意的事儿十有八九，因为世界毕竟不是你一个人的，造物主尽量要公平一些，不可能把所有的好事都摊到你的头上，也要适当考验考验你，看看你在不顺的时候会是一种什么样子。如果你反应过激，他还会继续考验你，直到你能以一种平和的心态去看待、对待一时的不顺或者挫折。

退一步去看待人生的不顺，并非是一种消极的心态，而是一种懂得放下的人生哲学。

不如意时，别垂头丧气

每个人都渴望自己的生活能够多一点快乐，少一点痛苦，多一些顺利，少一些挫折，但是现实生活中谁也不能永远顺心如意。

人的一生不会永远是晴天，暴风雨随时有可能到来，面对困境，我们应该保持一份好心情，看清眼前的困难，振臂高呼“让暴风雨来得更猛烈些吧！”要相信，暴风骤雨过后，天空会更蓝，彩虹会更美！

罗维尔·汤马斯的人生出现了高潮。首先，他主演了一部关于艾伦贝和劳伦斯在第一次世界大战中出征的著名影片。

影片用上了汤马斯和几名助手在几处战事前线拍摄的战争的镜头，他们用影片记录了劳伦斯和他那支多彩多姿的阿拉伯军队，也记录了艾伦贝征服圣地的经过。影片中，他那个穿插在电影中的演讲——“巴勒斯坦的艾伦贝与阿拉伯的劳伦斯”，在伦敦和全世界都引起了轰动。

伦敦的歌剧决定延后六个礼拜，仅仅为了让汤马斯在卡文花园皇家歌剧院继续讲这些冒险故事，并放映他的影片。在伦敦得到巨大成功之后，罗维尔·汤马斯又很成功地旅游了好几个国家，然后他花了两年的时间，准备拍摄一部在印度和阿富汗生活的纪录片。

不幸的事情就在这时候发生了：经过一连串令人难以置信的霉运后，不可能的事情发生了——罗维尔·汤马斯发现自己破产了。

日子开始窘迫起来。汤马斯不得不到街口的小饭店去吃很便宜的食物。事实上，如果不是知名画家詹姆士·麦克贝借给汤马斯钱的话，他甚至连那点菲薄的食物也吃不到。

庞大的债务、窘迫的生活一下子压在了罗维尔·汤马斯身上，虽然他极度失望，但他很自信，并不忧虑。他知道，如果被霉运弄得垂头丧气的话，他在人们眼里就会不值一钱，尤其是他的债权人。

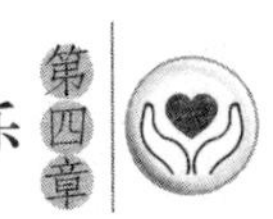

因此，每天早上出去办事之前，罗维尔·汤马斯都要买一朵花，插在衣襟上，然后昂首走上街。他的思想很积极勇敢，不让挫折把自己击倒。对他来说，挫折是整个事情的一部分——是你要爬到高峰所必须经过的有益训练。

这是一个心底充满阳光的人，那朵鲜艳的花就象征他永远充满生机的人生。对于每个人来说，都有面对生活阴霾的时候，如果你是天空的主宰，你是选择拨开乌云露出阳光，还是躲在云后。不要选择做云后的旁观者，那会让你失去享受蓝天的权利。就像文章最后所说："挫折是整个事情的一部分——是你要爬到高峰所必须经过的有益训练。"

每个人都渴望自己的生活能够多一点快乐，少一点痛苦，多一些顺利，少一些挫折，但是现实生活中谁也不能永远顺心如意。唯有一份好心情，你可以自主选择。

面对苦痛和挫折，我们应该保持一种恬淡平和的心境，在心里积蓄积极的力量，继续努力，总有一天好运会再次光临。

第五章

挣脱心灵束缚，放下就是给你的心灵松绑

为了生活，我们无休止地奔波着；因为渴望幸福，我们努力追求着。人生路漫漫，我们要让自己尽量活得轻松一些，洒脱一些，大度一些。有些不必要的压力和烦恼多是自己给自己添加的，“大度些”，“看开些”，“放得下”这些都是幸福生活必须做到的重要环节。聪明人要学会放下一些东西，尤其是思想包袱和心理负担。否则就如背着沉重的石头过河，很容易被淹没。有人说：“生活即童话。”其实，若能够以放下的心看待生活，生活就有了全新的面貌。

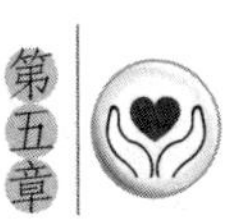

放下心理压力，给心灵放放风

在职场中，应该将工作上带来的心理压力及时卸下，及时地清除心理垃圾，才有足够的能力挑战新的工作，才能面对新的问题。

心灵的房间，不打扫就会落满灰尘。时间久了，心灵就会因为这些灰尘变得灰暗和迷茫，而压力是心灵灰尘的"主力军"，充斥着我们的心灵空间。我们每天都要经历很多事情，重要的、不重要的，都在心里安家落户。心里的事情一多，挤压在心里得不到释放，然后就造成了心理压力。所以，扫地除尘，即将心理压力驱逐出心灵，使黯然的心变得亮堂；把一些无谓的压力扔掉，快乐就有了更大的空间。

在职场中，心理压力过大是很多人工作状态不好的主要原因。的确，在这样一个竞争激烈的社会，谁都会有压力。但是面对压力，我们更应该做的是放下心理的压力，然后转换成动力，不要让它长时间充斥在心中，不要让它成为我们发展的阻力。

陈星的家庭经济情况很不好，但他非常懂事。穷人的孩子早当家，读高三的时候，他满载家人和亲朋好友的希望，不断地给自己打气，自我施加压力，不断严格要求自己，甚至严格得有点过分。他每天凌晨睡觉，大清早就起床，夜以继日，发愤苦读。每当他快要支撑不住的时候，他便想起了含辛茹苦的父母，想起他风雨飘摇、岌岌可危的家庭，心中又充满了勇气和斗志。他就这样，以惊人的毅力和决心坚持下来。

高考终于结束了。但是，他与理想的大学失之交臂，他陷入了极度的痛苦与不安中。后来，他只能上了一所并不是很满意的大学，很长一段时间，他都不能从失败的阴影中走出来。大学后，他还是那么努力，还是那么刻苦，他的压力有增无减。

有一天，他的努力和用功终于被一位教授发现了，那个教授把他叫到家里，端来一杯水，问他："你认为这杯水有多重？"

他沉默着没说话，接过教授手中的那杯水，教授就让他一直举着这杯水。教授说："这杯水的重量并不重要，重要的是你能举住它多久？举一分钟，一定觉得没问题；举一个小时，可能会觉得手酸；举一天，可能需要叫救护车了。"

教授望了望这位学生，说："其实，这杯水的重量始终是一样的，但是你端得越久，就会觉得越沉重。这就像我们承担的心理压力一样，如果我们一直把压力放在心里，不管时间长短，到最后我们都会觉得压力越来越沉重而无法承担。我们必须做的是，放下这杯水，休息一会儿之后，再将它端起来，这样我们才能够端得更久。"

"所以，你应该适当放下你的心理压力，这样你才能轻松快乐地学习。"后来，陈星在学习中做到张弛有度，学习效率也提高了。

当他走上工作岗位后，也懂得注意方法和技巧。如今他已经成功进入一家大型企业，成为企业的中流砥柱。

压力，是动力，也是阻力。心理压力时间过长，就会让你的心负荷不了，最终会使你崩溃。工作中，心累才是真的累，放下压力，学会调节，学会放手，工作学习中才会有动力、有热情。

在职场中，应该将工作上带来的心理压力及时卸下，及时地清除心理垃圾，才有足够的能力挑战新的工作，才能面对新的问题。相反的是，如果你不能放下心理压力，就会被压得喘不过气来，影响生活和工作。

李雯已经30岁了，还未结婚，她是个容易焦虑、紧张而且内向、敏感的人。她平时虽然感觉自己很压抑，却找不到缓解和释放的方法，总是生闷气，"心理堵得慌"，心里难过的时候也不知道找谁诉说，经常感到自己处于孤立无援的境地。她的这种状况已经不是一朝一夕了。

她属内向性格，家住农村，有一个弟弟。父母都是老实巴交的农民，文化层次较低，但从小对她特别疼爱，有什么要求一般都会予以满足，基本上没有大的挫折，所以学习和生活一直都比较顺利。她从小在学习上自我要求很严格，非常勤奋和刻苦。小学和初中成绩一直都非常优秀，被公认为当地的"好学生"。然而高三的时候，一件事震惊了大家：那天，同学们都在教室里紧张而匆忙地做

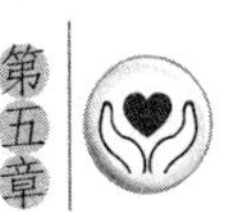

着老师发下来的试卷。突然，她“啊”的一声在座位上大叫起来，抱着头冲出了教室。接下来班主任找她谈话，她告诉老师自己实在受不了这种紧张和压抑的气氛，感觉头脑发胀，难受得似乎要发狂一般，并提出想辍学。第二天，当她背着行李回到家时，一向温和的父亲大发雷霆，扬手扇了她一个巴掌，她却并没有哭，而是把自己关进房里，整整一天都没有出来。自参加工作以来，竞争激烈，她一直处在高压状态下，且不善于交际。下了班回到家也只是一个人，没有知心朋友可倾诉。长时间的心理压力让她有种想逃的感觉，工作逐渐怠慢。她请了假，背上了行李外出旅行，给心灵放放风。

一段时间后，她回来了，她以一种新的心情和面貌工作着，整个人似乎变了，身边的朋友开始多起来，虽然依旧忙碌，可是并不压抑。

如果没有及时让自己放下心理压力，可能现在李雯已经崩溃了。其实，压力是自己给自己施加的，只要你尝试着放下压力，你的工作和生活就能轻轻松松，就不会被压得喘不过气来。

每个人都渴望成功，可是很多人在追求事业的同时往往以牺牲快乐为代价，而人们也总是认为这两者是冲突的。其实成功和快乐并不是不能兼得，释放心理压力是其中的关键，放下在很多时候是一种大智慧，放下压力，清除心理垃圾，既能获得快乐，又能重整旗鼓投入奋斗，成功的步伐自然轻松很多！

宽容别人就是宽容自己，给心理松绑

宽容别人就是给自己一条更宽广的人生之路！给自己的心灵松松绑，不要始终对别人的错误怀恨在心。忘记仇恨，宽容别人，自己的心才能轻松，心中无恨，自己的心情才会明朗。心情好，心态好，就一定会有一个幸福快乐的人生！

庄子言：“人生天地之间，若白驹过隙，忽然而已。”既然生年不满百，那为何要让自己的心灵不畅快呢？人生匆匆，我们没必要让别人的错误折磨自己。试问谁人没有错？谅解别人的过错，才能拥有自己的快乐。当别人因某件事伤害了你时，你一定要保持冷静，不要拿别人的错误来惩罚自己。也许你曾被他人伤害，但为了拥有新的人生，忘记那些不愉快的过去，原谅别人！懂得放下的人才能找到轻松，懂得遗忘的人才能找到自由，懂得宽容的人才能找到朋友！

阿拉伯著名作家阿里，有一次和两位朋友一起去旅游。三人行至一座山谷时，阿里的朋友马克失足滑落，阿里的另一个朋友雅吉拼命地拉住马克，才将他救起。马克就在附近的大石头上刻上："某年某月某日，雅吉救了马克一命。"三人继续走了几天，来到一处河边，他俩为一件小事而吵了起来，雅吉盛怒之下打了马克一个耳光，马克又在附近的沙滩写上："某年某月某日，雅吉打了马克一个耳光。"

当他们旅游回来后，阿里好奇地问马克："为什么要把雅吉救你的事刻在石头上，而将雅吉打你的事写在沙滩上？"马克回答："我永远都感激雅吉救了我，把雅吉救我的事刻在石头上，是让我终生不忘。至于他打我的事，随着沙滩上字迹的消失，我也会忘得一干二净。"

故事中的马克是一位心胸豁达的人，他的宽容，让他拥有了心灵的快乐。在实际生活中，我们常常会遇到一些不愉快的事情，有的伤害甚至终生难忘，我们只有让那些不愉快的记忆随风流逝，才能获得心灵的解脱，才能以轻松的心态继续生活下去。事情已经发生，再回忆那些不愉快的镜头，也无法改变当时的伤害，不如宽容一点，学会忘记，给自己一个轻松愉快的心境，让自己开始新的人生！

生活中，我们总是避免不了他人的伤害，也会在无意之间伤害他人。有的人能宽容别人的过错，让那些不愉快像一阵风吹过，让自己的心重新轻盈快乐起来。而有的人也许受伤害太深，那些被伤害的镜头总是一次次萦绕在心头，心灵总是被那痛苦的记忆充斥着，怎么也无法真正快乐。

曾经有个女人，在她小的时候，她的母亲把她送给了别人，因为家里实在太穷了，根本养不起两个女孩儿。长大后，了解到自己是被遗弃的孩子，从此，她的心里对生母极其怨恨，她恨她为什么狠心抛弃自己却留下那个孩子。孩子永远是自己身上掉下来的肉，年老的母亲几次想要来相认，她都拒绝了，连母亲亲手给她织的手套也一次都没有戴过，她把手套收了起来，搁在箱底，一直放着。就这样，她结了婚，生了孩子，但她的心一直沉浸在怨恨里。在她二十八岁的那

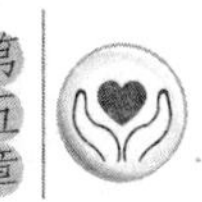

年，突然传来母亲病危的消息。那时刚好是冬天，乡里的人送来信，说母亲想见她一面，让她戴上她亲手给她织的手套。

女人听后，心里开始有些慌乱。再怎么样也是生母，她急忙地戴上母亲织的手套上路了。当她把手伸进手套的时候，突然摸到了一张折着的纸条。她拿了出来，好奇地打开，原来是母亲写给她的信。母亲说，家里的另一个孩子是捡来的，那时候实在养活不了两个孩子，才决定把她送出去。因为，那个孩子实在太小，又病得不成样子，除了他们两口子，没人肯要那个孩子。

她看到这纸条后非常震惊，眼里涌出了泪水。母亲这么多年是怎样的伤心啊，她是她唯一的女儿啊！赶到母亲那里时，老人已经辞世了，她趴在去世的母亲身边整整哭了几天，她悔恨自己当初为什么不原谅母亲，给老人留下一辈子的遗憾。

这个女人后来在七十岁那年去世了，去世前的日子里，她都在悔恨中过日子。前二十八年，她在怨恨中度过，后四十二年，她在悔恨中度过。

宽容是快乐之本，只有放下别人对你的伤害，心灵才会真正快乐起来。朋友之间无意的误解泰然处之，友谊之树就会常青不倒；原谅同事的误会和中伤，就能团结合作完成工作任务；宽容领导暂时的不明智，能使工作更顺利、更协调；宽容下属无心的冒犯，会让他们对你更为敬重。

放下是一种智慧，宽容让心灵拒绝狭隘，宽容别人也就是宽容自己，因为只有放下心灵的包袱，给心灵松绑，才能获得真正的快乐！

既已发生，悔恨与自责无济于事

反省是一种美德，但是，因悔恨而对自己的责备应该适可而止。如果这悔恨的心情一直无法摆脱，而你一直苛责自己、懊恼不止，发展下去，就可能形成一种病态。

在这个世界上，谁都难免会犯错误。不要把自己犯下的错误长时间搁置在心灵深处，清除它，学会放下那段悔恨的历史，才能弥补和避免错误重犯，从中汲取教训。如果我们没办法坦然面对，那么遗憾恐怕会越来越多。

一个妇人不小心丢了一把伞，她一路上都很懊恼，不停地怪自己，怎么会如此的不小心。回家之后，她才发现，天啊！连她的钱包也不见了，原来她一心惦记掉了伞的事，结果在仓促、惶恐不安中一分心连钱包也丢了。

放不下悔恨，只会出现更多让自己悔恨的事情；放下悔恨，过好现在，才能避免再做出让自己悔恨的事情。

很多人这样想：如果读书的时候努力一点，现在也不会在这样的岗位上风吹日晒；如果当初不放手，她就不会和别人结婚；如果对上次领导交代的任务积极一点，就不会完成得这么糟。这个世界上最没有出息的两个字就是"如果"。

有一位著名的心理医生，在即将退休时总结出对人生影响最大的四个字：'要是'和'下次'。很多人总是懊悔过去所做过的事，总是在想，要是我那次怎样就好了。可是，他们忘了一点，这个世界上是没有后悔药出售的，过去永远也无法重新来过，与其沉湎在这种懊悔中，还不如想想如何下次不犯这个错误，矫正的方法其实很简单，只要把'要是'改为'下次'就行了。"

心伤很难治愈，那些过去的伤痛总是像刀子一样剜着我们的心，我们何必还在这个伤口上撒盐呢，过去的事情过去了，耿耿于怀也是于事无补，勇敢地面对过去的错误，才能让自己的心灵得到一个解脱。

知识的真正获得不在于一遍一遍的重复，而是如何将它应用到实践中；一段伤痛，不在于怎么忘记，而在于是否有勇气重新开始。

反省是一种美德，但是，因悔恨而对自己的责备应该适可而止。如果这悔恨的心情一直无法摆脱，而你一直苛责自己、懊恼不止，发展下去，就可能形成一种病态。

一天，一名高中生站在二十几层的大楼楼顶上意欲往下跳，很多群众在这个时候报了警，当警察到达现场的时候，发现他身上还有炸药，难道他要将整个大楼一起炸毁？

处于无奈的状况下，只好做最差的打算，警察调来了很多狙击手。他的双脚在楼顶边缘上颤颤巍巍，他喊着："别过来，过来我就引爆炸弹，然后再跳

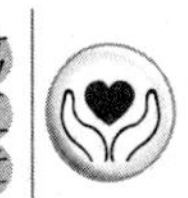

下去。”

此时，花园四周大楼已埋伏了多名狙击手，随时听候分局长下达击毙歹徒的命令。分局长打量着这个稚气未脱、全身还在微微颤抖的少年，他不禁便想起了正在读大学的儿子，心头涌上一丝怜悯的酸楚。

只见分局长迅速脱去了上衣和裤子，只穿着一条短裤，几乎赤裸着一步步靠近犯罪嫌疑人，坐在离他很近的位置语重心长地说：“孩子，我是公安局长，我不想伤害你，我儿子也跟你差不多大，请允许我以一名父亲的名义跟你谈谈。”

男孩惊呆了。他没想到，一名公安局长竟以这样的方式与他对话。他的目光变得柔和起来，拿炸药的手也开始垂了下来。

“孩子，我知道，其实你并不想伤害别人，你真的不想伤害别人。你肯定有什么心事，你可以跟我说。”

“我真的不想死，可是我整日无法心安，我吃不下、睡不着，我快疯了。今年的愚人节，我跟我最好的朋友开了一个玩笑，我对她说：‘你妹妹出车祸死了。’当时，我就看见她哭了，但什么也没有说，就跑到了学校的楼顶上跳下去了，原来她的母亲和父亲都得了癌症，而我又骗她说她妹妹出了车祸，她觉得自己活着已经没有意义了。我们是住校，她也没回家看，就信以为真了，我只开了个玩笑，可是，她却死了，她自杀的场面我永远无法忘记。我不敢把真相告诉父母和老师，我只是想用炸药将跳楼后的自己毁灭，他们不会认出来是我，他们也就不会伤心……”

“孩子，说了这么多，饿了吧？我保证会好好招待你吃一顿大餐。那只是你的无心之失，你死了，你爸妈会伤心，很多人都会伤心，错误已经造成了，你的生命也换不回她，你是个善良的孩子，她在天堂会原谅你的。你过来，我和你好好谈谈。”

一席话说得他放下了炸药，扑进分局长的怀里号啕大哭。他得救了，这栋楼也得救了。

这个高中生没有想到同学的家庭状况，也没有想到她是个心灵如此脆弱的人，他的无心之失酿成了一个惨痛的悲剧。他无法挽回，没有人知道这个女生的死因，而他终日活在悔恨中，造成了心理的障碍。他失去了理智，他忘记了炸药不只是使自己面目全非，最重要的是有很多人会因此失去生命。

人非圣贤，孰能无过。人有要求完美的愿望，但也有犯错误的可能。不要希望自己好到没有一丝缺陷，如果偶有过失，也要潇潇洒洒地承认："这次错了，下次改过就是。"不必把一个污点放大为全身的不是。屡次犯错却不肯悔改才是耻辱。

过度的悔恨会造成心灵的高度负荷，心灵的堡垒最终也会坍塌。不管什么样的错误，既然已无可挽回，那就忘了它，给心灵卸载，冲开过去的枷锁，再一次掬起生活的甘露。

放下猜忌，方能赢得真诚的友谊

想要让自己的友谊天长地久，就得懂得友谊的经营之道，就得放下猜忌。而放下猜忌在赢得友谊的同时，也让自己的心灵获得了放松和解脱。

人生在世，谁都离不开朋友的扶持和友谊的陪伴。当你失恋时，朋友是温暖你受伤心灵的港湾；当你事业失败时，朋友给你最真诚的鼓励，人生之路因为有朋友而不再孤单寂寞。美丽的青春年华会随流水一去不复返，唯有朋友间的真挚友谊不会枯萎，一直绽放到天长地久。友谊，是一把雨伞下的两个身影，是一张课桌上的文具的互相传递；是宏伟乐章上的两个音符。没有友谊，生命之树就会在时间的长河中枯萎；心灵之壤就会在干燥的季节里荒芜。所以，我们要珍惜友谊，而珍惜友谊的第一大要素就是信任。友谊的基础是信任，猜忌的友谊就如沙堆上的楼房，不用多久就会倒塌。放下猜忌，才能让友谊之树长青，而我们自己的心灵也得到了解放，不会为猜忌所累。

没有猜忌、互相信任的友谊才伟大、才永恒，才能经得起风风雨雨。马克思一生困顿，甚至连生计问题都无法解决，是他的好友恩格斯一直信任他，帮助他，支持着他的工作和生活，正是这种伟大的友谊，造就了跨时代的巨著《资本

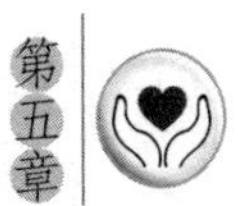

论》;毛泽东对周恩来的信任,无论是战争年代还是建设年代,从来没有变过,甚至在“四人帮”横行时期,也没有丝毫消减。而周恩来从来没有怀疑过这种信任,也没有辜负这种信任,正是这种高度的相互信任,使他们带领中国革命走向胜利。

而相反的是,猜忌只会让友谊出现裂口,甚至造成遗憾和悔恨。有个古老悲伤的故事:

很久之前,在恒河之滨,有个三口之家:猎人、他年幼的儿子和一条忠诚的狗,他们之间亲密无间,过着美好的生活。每当猎人外出打猎,狗就在家看护着他的儿子,从不懈怠。有一次,猎人刚回来就被眼前的景象震惊了——儿子不见了,只看到那条满嘴是血的狗。他突然有一种天塌地陷般的悲痛:无限信赖的朋友背叛了自己,它吃掉了自己的儿子!怒火燃烧着他的胸膛,他双手颤抖地举起了猎枪,对准那条似乎有些疲惫的狗。可怜的狗,它来不及哼一声就倒下了。这时,儿子从床底爬了出来,哭叫着说:“爸爸,你走后,有一条大蟒蹿到屋里,我好怕啊!幸好有我们的狗保护我,它们开始打架……后来,可怕的大蟒终于被它咬死了……”“什么?你说什么?”……猎人陷入深深的懊悔和痛苦之中。为了纪念他的忠心的朋友,他在河滨修了一座塔,把狗埋在塔的下面。但是,从这以后,他和他儿子再也见不到他们最亲密的朋友了……

它只是一只狗,一个动物,但却对它的人类朋友如此忠心,而作为人,他却怀疑、猜忌他的朋友吃了自己的儿子,于是他朝它举起了枪……而他最终失去了这个一直对他很忠心的朋友,造成了无法挽回的遗憾。

现实生活中的很多人何尝没有猜忌过他们的友谊呢?他们整天疑心重重、无中生有,有的人见到几个朋友背着他讲话,就会怀疑是在讲他的坏话,或给自己使坏。朋友脱口而出的一句话很可能让他琢磨半天,努力发现其中的“潜台词”。就这样,我们渐渐不能轻松自然地与朋友交往,久而久之不仅自己心情不好,也影响到人际关系,让朋友疏远你,最终友谊不复存在。

想要让自己的友谊天长地久,就得懂得友谊的经营之道,就得放下猜忌。而放下猜忌在赢得友谊的同时,也让自己的心灵获得了放松和解脱。

齐齐和炎炎相遇,是在一个国际聊天室里,她正在和网友聊得痛快时,一行蓝色的英文字体告诉齐齐,有人主动搭理她了。她兴奋地查看了她的个人资料:Japan。这个单词让齐齐很反感。见鬼！她马上就屏蔽了,尽管炎炎一直有礼貌地向她问好。

不久,齐齐就收到了一封邮件:“我理解你的心情,但是,当年在战场上杀人的不是我,而我想赎罪!”当齐齐看到炎炎的邮件后,她的怒气全消了。她突然觉得,和她做朋友也许不错……后来炎炎又发了一段话给齐齐:“我为我是日本人而难受,也为我是日本人而欣慰,因为过去的那些事情令我们抬不起头,而我们正可以弥补……”

“你以为你一个人可以弥补多少？为什么你们国家的人总是要做一些那么伤害我们感情的事情呢?”齐齐突然就把这些全说了出来。

“我想至少我要尽一份责任,至少要让我的声音传出来!”炎炎的话让齐齐有些辛酸,了解了一段时间后,齐齐知道炎炎是个善良的女孩。

“我一开始没有回应你,有没有想过放弃?”

“不,我不会放弃的,我想和你做朋友!”炎炎坚定地说道,她们成了跨越国界的好朋友。可一段时间后,炎炎的父母双双死于车祸,而她也成了孤儿。有了朋友路好走,齐齐让炎炎来中国求学,她会帮助她一起完成学业。

这是一段跨越了民族的友谊,她们之间没有仇恨,没有猜忌,有的只是信任和帮助,当炎炎失去家庭时,齐齐主动提出让她来中国,帮助她完成学业。

信任是友谊坚固的前提,而猜忌只会让你和你的朋友背道而驰,最终失去朋友,把自己架空。放下猜忌,友谊会更加牢固,心灵也会更加超脱!

人生逆境,看开才快乐

人的一生并不是一帆风顺的,在前进道路上总会遇到许多挫折、磨难,在逆境中学会看得开、看得远,人一生才走得顺当,走得平稳。

人生道路上,风和日丽和风风雨雨共同组成了我们沿途中的风景。有些人

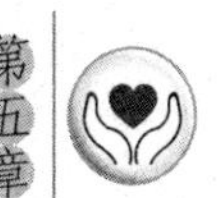

在遭遇挫折和逆境的时候，总是怨天尤人，一蹶不振，给自己的心灵蒙上一道阴影，看不见阳光；只有凡事看开一点，在逆境中常常给自己的心灵除尘，才能以坦然的心面对逆境，这样即使在逆境中也能生活得轻松、快乐。

普劳图斯说："泰然自若是应付逆境的最好办法。"面对逆境，我们要看开，其实，生活依旧美好，只是你没发现。

有个残疾人来到天堂找到上帝，一见到上帝，他便抱怨上帝为什么没给他一副健全的体格，没有正常人活动的轻松自如。上帝只是笑了笑，什么也没说，就带他去看了一位朋友，而这个朋友刚去世不久，才升入天堂，他感慨地对这个残疾人说："看开点吧，朋友，至少你还活着。"

后来，一个官场失意被排挤下来的人找到上帝，抱怨上帝为什么没给他高官厚禄，没能让他在官场春风得意。这时，上帝就把那位残疾人介绍给他认识，残疾人对他说："看开点点吧，朋友，至少你的身体还是健全的。"

再后来，一个年轻人找到上帝，抱怨上帝没让自己受到人们的重视和尊敬，离成功的路还很远。上帝把那位官场失意的人介绍给他，那人于是便对年轻人说："看开点吧，至少你还年轻，前面的路还很长。"

某一时刻身处逆境，并不代表你失去了全世界。你应该想到，你拥有的还很多，你还有快乐的资本、奋斗的决心、无坚不摧的意志。

人的一生并不是一帆风顺的，在前进道路上总会遇到许多挫折、磨难，在逆境中学会看得开、看得远，人一生才能走得顺当，走得平稳。在逆境中是否看得开会有不同的人生结果。看不开的人只能在逆境中沉沦，心灵也得不到释放和解脱。看得开、放得下的人才能以一副好心态走出逆境，赢取成功。

被称为"东方鸿儒"的季羡林，回忆自己的童年时说："眼前没有红，没有绿，是一片灰黄。当自己长到四五岁的时候，对门的宁大婶和宁大姑，每到夏秋收割庄稼的时候，总带我去很远的地方，到别人割过庄稼的地里去拾麦子或者豆子、谷子。一天辛勤之余，可以拣到一小篮麦穗或者谷穗。有一年夏天，我拾的麦穗比较多，母亲把麦粒磨成粉，做了一锅面饼子，我大概吃出味道来。吃完了饭以后，我又偷吃了一块，让母亲看见了，她赶着要打我。我当时赤条条浑身一丝不挂，就逃到房后，往水坑里一跳，母亲没有办法来捉我，我就在水中把白面饼吃光。”他又说，“现在写这些还有什么意思！但它使我终身受用。有时能激励我前进，有时能鼓舞我振作。”

这不仅是他童年的心态，也是他在人生困境中的心态，一块面饼子的快乐让一个农村孩子成为文学领域的领军人物，这就是一份看得开的心境所带来的成功。

每个渴望成功的人都会经历常人无法经历的困难和逆境，而在逆境中放下心灵的包袱，才会踏过荆棘和坎坷向成功进发。

施利华，是商界拥有亿万资产的风云领头人物。1997年的一次金融危机使他破产了，面对失败，他只说了一句："好哇！又可以从头再来了！"他从容地走进街头小贩的行列叫卖三明治。几年后，施利华靠三明治实现了东山再起的梦想。1998年，泰国《民族报》评选"泰国十大杰出企业家"，施利华名列榜首。

也许有很多人在听到自己破产的那一刻，一定是伤心欲绝。可是，施利华积极地面对，他给自己鼓起从头再来的勇气和希望，最终重现辉煌。其实所有一切都可以重新再来，不过前提是先让自己放下心灵的负担，微笑面对，看开逆境，才会有希望，才可以继续努力奋斗，才会在黑暗中看见那盏指引我们前进的明灯。

路德维希·凡·贝多芬，德国最伟大的音乐家之一，出生于德国波恩的平民家庭，是古典乐派跨进浪漫派中间的一座桥梁。他出身寒微，虽遭到诸多不幸与痛苦，但是凭借不屈不挠的精神以及积极向上的进取心，自我充实，最终茁壮成长。他从小被强制学习音乐，早年曾向海顿与阿布雷治克学习理论作曲，奠定了作曲技巧的深厚基础，终成一代巨匠。

二十六岁时他开始耳聋，晚年全聋，只能通过谈话册与人交谈。但孤寂的生活并没有使他沉默和隐退，反而促使他创作出更多伟大和不朽的作品，对世界音乐的发展有着举足轻重的作用，被尊称为"乐圣"。他没有因为耳朵聋了而放弃音乐，没有因为自己是贫民出身就什么都不敢尝试，他很乐观，他用微笑把一切阻挡他的挫折都打退了。

贝多芬一生与苦难的命运搏斗，永不低头，在逆境中乐观向上，在作品中也融入不少前人不曾想象的深刻感情，处处充满了自信。他的这种精神伴他走向

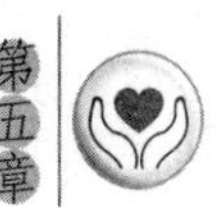

了音乐界的圣殿。

人生就像一次旅行,途中必然会有平坦的康庄大道,也有荆棘密布的丛林,这就好比人生中的逆境,真正懂得旅行乐趣的人认为旅行的乐趣在于克服那些途中的困难,在于到达别人所不易到达的地方,在于发现新的佳境。不要只看到旅途的艰苦,而要把希望的灯点亮,去照亮那些你想要去的地方。

在我们每个人降生到这个世界以前,就注定了要背负各种困难的折磨,逆境常有,人间的苦痛和曲折,我们都该把它看作理所当然。在逆境中我们要看得开,让自己的心灵经常放放风,把心态放轻松一些。多往开处想想,没有必要与自己过不去。放下是给自己的心灵松绑,放下才不会为逆境所累。

与人攀比,徒增自己的烦恼

有句话说得好:当你紧握双手,里面什么都没有;当你松开双手,世界就在你手中。一颗放下的心,比任何财富都宝贵。

处于复杂的经济社会中,人与人之间难免产生比较。谁更有能力,谁更富有,谁更有权势,谁更走运等。比较是一种全面认识自我的方法,通过与他人比较,我们能够了解自己的缺点和长处,从而提高自己、完善自己。但是,比较的多了,如果控制不好,就会变成攀比。

所谓攀比心理,是刻意将自己在智力、能力、生活条件等方面与别人进行比较,并希望超越别人的一种心理状态。攀比之心,人皆有之。科内尔大学教授罗伯特·弗兰克说:“你是愿意自己挣 11 万美元,其他人挣 20 万美元,还是愿意自己挣 10 万美元,而别人只挣 8.5 万美元呢?”大部分的美国人选择了后者。事实证明,过分攀比会使虚荣心不断膨胀,影响身心健康。严重的攀比心理对一个人的身心健康极为不利,会导致自卑、失落、生气、嫉妒等负面情绪的产生。

“魔镜啊魔镜,谁是这世上最美丽的女子?”白雪公主的故事里,恶毒的王后总是一遍又一遍地重复着这个问题。“既生瑜，何生亮?”喜欢攀比的人多半要发出这样的感慨，攀比不是罪过，但攀比心太强，必定烦恼丛生。

在一个丛林中住着一只忧愁的小老鼠，整日闷闷不乐，它自感形象不佳，本领又小，生活在社会的最底层，看人家猫多神气啊。苦恼的小老鼠来到了山神的面前，再三哀求山神给予帮助，把它变成一只猫。山神终于被缠不过，答应了它的要求。于是小老鼠变成了一只神气的猫。没高兴几天，又有了新的问题，原来猫怕狗。它又去求山神，把它变成一只狗。可谁料，狗怕狼，于是它又跑去请求变成狼……

如此这般一路请求一路变化，小老鼠终于变成森林之王——大象。它昂首挺胸，在丛林中散步巡视，威风凛凛，动物们见了它都点头哈腰，恭恭敬敬，它心中别提有多高兴。可是没过多久，它有了新的发现：大象最怕的竟然是老鼠。这时它眼中最伟大的形象又变成了老鼠，于是它又去哀求山神……

在这个世界上，万物相生相克，哪里有最强和最弱之分？一味地把自己的缺点和别人的优点去比较，只会打击自己的信心。把这些比较都放下，安安心心的做自己，生为老鼠，就做一只快快乐乐的老鼠，不也很好吗？就像我们身为普通人，就做好一个普通人应该做好的事情，享受平静安详的生活。如果你像那只小老鼠一样，比较来比较去，到头来会发现，人人都有自己的苦恼和快乐，别人的生活未必比自己幸福。

放下攀比的心，不要做无谓的比较，你所追求的财富和骄傲或许才是危险，而那些平素令你不屑一顾、嗤之以鼻的东西才会让你真正安全。

从前有两头骡子，主人要它们分别驮着粮食和财宝，驮着财宝的骡子因为感到自己驮的东西价值不菲，所以昂首阔步，把系在脖子上的铃铛摇得悦耳动听。它的同伴则不声不响地跟在它后面，突然一伙强盗从隐蔽处窜了出来，扑向骡队。强盗跟主人扭打时，为了得到财宝，用刀刺伤了驮财宝的骡子，贪婪的强盗把财宝洗劫一空，对粮食则不加理会，驮粮食的骡子也就安然无恙。此时，受了伤的骡子完全没有了刚才的神气，边叹倒霉边对同伴说道：“还是你的运气好啊，虽然不神气，但总不至于挨刀子。”

如果驮财宝的骡子知道自己会被刀刺伤，它还愿意驮财宝吗，它还会因为

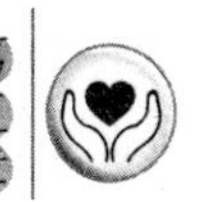

自己驮着财宝而趾高气扬吗？肯定不会。

人比人，气死人，这话不假。或许我们只是拿着很少的工资，或许我们只是忙碌碌的工薪族，但是每个人有个人的活法，何必去比较，何必去羡慕？我们的能力有多少，我们就享受多少。

心理学家提出了矫正攀比心理的几个注意点：

第一，放弃对一些事情的过分在意，把时间和精力用在对自己的人生和发展更加有意义的事情上。第二，接受不能改变的，积极行动去改变能够改变的。第三，让比较成为自己振作和更好地前进的动力，而不是前进道路上的束缚。

有句话说得好：当你紧握双手，里面什么都没有；当你松开双手，世界就在你手中。一颗放下的心，比任何财富都宝贵。无论在什么时候，永远不要去和别人攀比，要知天外有天、人外有人，比来比去的结果就是再次证明自己的无知。不管人们把你评价的多么高，你永远要有勇气对自己说：我是个毫无所知的人。学会放下，使自己保有一颗谦逊的心，你会活得更加自在，怡然！

放下虚荣心，让心安宁

虚荣是一头难以驾驭的猛兽，它常常使我们难以把握人生的舍与得，于是便产生了太多的悲剧。要想使生命之舟不至于中途搁浅，就必须轻载。

现在的人，很多时候都会被世上的名利、金钱、物质所迷惑，心中只想将喜欢的统统收归己有，而不舍得放下任何东西。于是，心中就会充满矛盾、忧愁与不安，心灵上就会承受很大的压力，以至于活得很累。

在高速度、快节奏、多关联的现代社会中，万千信息奔来眼底，瞬息万变的事物需要及时处理，人们失去了往日的悠闲，精神上高度紧张。快节奏生活可能训练出人们快速机敏、准确反应的应变力，却往往会使众人失去哲人式的恬静深思的大脑。在嘈杂忙乱中生活的现代人大多是“失静”之人。人生如萍，宛若不系之舟，在激流簇拥下，最难自持。崇尚简单生活的梭罗，是持有自家生命宝券的真正富有者，能够最自由地支配自己的生命。

《湖滨散记》的作者梭罗，为了要写一本书，而去森林中度过两年的隐士生活。他自己种豆和玉蜀黍为食，摆脱了一切剥夺他时间的琐事俗务，专心致志，去体验林间湖上的景色和心灵所产生的共鸣。他从中发现许多道理，从而顺利地完成了这本名著。

梭罗认为："一个人越是有许多事能够放得下，他越是富有。""我最大的本领是需要极少，"他悠然地说："我爱给我的生命留有更多的余地。"生命在他手中支配得游刃有余。与此相反，一些拥有大量金钱的富翁，却被自己的黄金"焊"在某个高位上动弹不得。梭罗不无怜悯地说："我心目中还有一种人，这种人看来阔绰，实际上却是所有阶层中贫穷得最可怕的。他们固然已积蓄了一些闲钱，却不懂得如何利用它，也不懂得如何摆脱它，因此他们给自己铸造了一副金银的镣铐。"位高自囚，富极如贫，事物常常是这样两极相通的。

在现代社会，竞争无处不在。这里，人们也许可以用那种"身外之物"的观念去回答这一挑战。但应当承认，真正能看破红尘的人毕竟是少数，功利、名誉对于任何一个平常人来说，都或多或少地具有某种诱惑，何况是现代社会中的人，谁能没有一点自我实现的雄心呢？真正的聪明者不会让自己的虚荣心过度膨胀，他们会一边享受着名利，一边又不为名利所困扰和羁绊。

繁忙紧张的生活容易使人心境失衡，如果患得患失，不能以宁静的心灵面对无穷无尽的虚荣，就会感到心力交瘁或迷惘躁动。唯有宁静的心灵，才不眼热权势显赫，不嫉妒金银成堆，不乞求声势鹊起，不羡慕美宅华邸。因为所有的眼热、嫉妒、乞求和羡慕都是一厢情愿，只能加重生命的负荷。

记得儿时，邻居家的院子里曾栽着一棵无花果。有一年春天，小孩子奇怪地问母亲："无花果真的不开花吗？"母亲笑着说："它们的花是开在果里面的。"从那时候起，这个小孩就开始暗暗地钦佩那些"开在果里的花"，并逐渐悟出来，"开在果里的花"其实也是一个精妙的做人之道。

安于寂寞，少一些炫耀与华丽，多一些谦逊和努力；坚持用自己的生命方式诠释生活的价值，那么，我们的人生终会有甜美而丰硕的收获。

豁达胸怀，放下“想不开”方能收获幸福

人生在世，快乐和轻松自在的生活是我们所追求的，但就是这份闲情逸致，得来也着实不容易。在当下竞争日趋激烈的大千世界，“忙、茫、盲”成了大多数人的生存状态，为了追求安然的生活，我们就要善待自己，善待心灵。从容的心境是呵护你一生的珍贵礼物，多一份从容，会让你过得更舒心、更快乐。

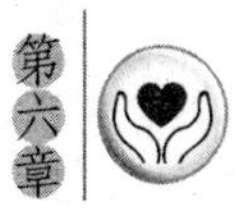

放下是坦然接受生活给予的一切

命运的轨迹是我们无法决定的，要想从生活中收获快乐，并在快乐中步入成功的殿堂，首先要做的就是坦然地接受自己的一切。

人生不易，生活不易，因此我们就更不应该再对自己过于苛刻。做人应该坦然地接受自己的一切，放开自己的心，虽不能追求轻灵飘逸之感，但也要努力享受轻松自在的那份从容。

然而，社会的复杂化，让有些人越来越学会了掩盖自己的真实，激动兴奋的时刻不能喜形于色，这样才显得谦虚有内涵；失意的时候要强装笑脸，这样才够大方洒脱。是不是太过真实就会显得平淡无味？于是越来越多的人将真情隐藏，将泪腺封闭，用平静掩盖激动，用微笑来掩盖失意。其实，每个人都是一个多面体，在不同的环境下或开朗或深沉，或自信或消极，但不管是怎样的一面，真实的自己肯定是最令人放松和舒适的。

有句话说：“上帝散布给人间的苦难与幸福一样地均等。”有位哲人说过：“你要欣然接受自己的长相，如果你是骆驼，那么就不要去唱苍鹰之歌，驼铃同样充满魅力。”是的，这个世界上，没有一个人活得容易，更没有一个人整日被鲜花与掌声所包围。无论命运是否乖蹇，就像《简·爱》所言：“我贫穷，低微，不美丽。但当我们的灵魂穿过坟墓站在上帝面前时，我们是一样的。”

当你面对不如意的事情时，不必满脸怨气；看到电视上才子才女们独有的风采时，不必抱怨自己才气平平；看到歌手或名人们耀眼的光环，不必抱怨自己缺乏艺术天赋，也不要去寻找那种自以为与生俱来的缺陷来填补自己的遗憾。殊不知，时间和机会却在你的抱怨间悄悄流逝，让你画地为牢作茧自缚，自己断送了自己。

命运的轨迹是我们无法决定的，要想从生活中收获快乐，并在快乐中步入

成功的殿堂，首先要做的就是坦然地接受自己的一切。这不仅需要很大的勇气，需要毫不犹豫放下自己的架子，丢掉自己的面子，还需要有坦然面对冷眼以及闲言碎语的魄力。

路遥一辈子只写过一部长篇小说，就是《平凡的世界》，洋洋洒洒百万言，内容平凡而朴实，却足以奠定他伟大小说家的地位，也足以让人在十多年后的今天继续怀念他。

他是平凡人，他不是天才，没有惊世才情，但他不浮躁，不偷懒，不放弃，肯吃苦，甚至把生命和创作融为一体。他笔下的角色也都是平凡人，比如孙少平，有着农民的隐性自卑，有时候也会懦弱，但是他坚韧顽强，奋斗不息。

孙少平家境贫困，却从来不嫌弃自己的家庭出身。他在苦难和饥饿中长大，艰难困苦的社会现实锤炼着他，求学期间饥饿时时折磨着他，褴褛的衣裳使他在女生面前不体面，苦涩、凄楚、难言的悲愤积郁在他的心头，但是他挺过来了，以男子汉的豁达平静接受着这一切。他读书，打工，大胆追求“门不当户不对”的爱情，即使再苦难，也从不看轻自己。从学生时代的食不果腹、衣不蔽体，到打工生活的颠沛流离，到爱情泯灭的悲痛欲绝，再到因工毁容后的埋头痛哭，孙少平尝尽生活的艰辛，饱受命运之苦难，然而他却从未屈服，从未放弃对美好生活的渴望，默默承受，顽强坚持。从孙少平身上，我们能够感受到最顽强最震撼的生命力，也能体会到在一个平凡的世界里不平凡的人生。这其实也是路遥自己人生的写照。

十多年过去了，路遥唯一的一部长篇小说依然畅销，路遥的精神依然在影响着一代又一代读者。许多人若抱怨命运的不公与多劫，哀叹自己与成功无缘，只要翻开他的作品就明白，人不必苛求太多，关键是活出个真实的自我。

季羡林先生出了一本自选集，他向责编提出，一个字都不能改。他说他希望自己自选集收录的文章能真实地反映自己，不管当初自己的文章写得多么青涩、思想多么幼稚，他都希望原样保留，不加任何掩饰。

他还亲自为这本书写了一篇序言《做真实的自己》，他在序言中说——“我主张，一个人一生是什么样子，年轻时怎样，中年怎样，老年又怎样，都应该如实地表达出来。在某一阶段，自己的思想感情有了偏颇，甚至错误，绝不应加以掩

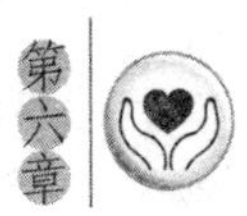

饰，而应该堂堂正正地承认。这样的文章绝不应任意删削或者干脆抽掉，而应该完整地加以保留，以存真相。在我的散文和杂文中，我的思想感情前后矛盾的现象，是颇能找出一些来的……不管现在看起来是多么幼稚，甚至多么荒谬，我都不加掩饰，目的仍然是存真。”

真实，我们每个人都可以做到，生活中的所谓枷锁是我们自己套上的。当我们一面抱怨周围环境造成的束缚，一面艳羡别人的自在生活时，却忘了其实很多束缚并不是强制性的，我们有权利和能力冲破它。试想，当你受到大自然的感染，不去抑制自己的冲动，赤脚在阳光之下尽情舞蹈时，除了会招来众人注目或引来一点点非议之外，还会有什么影响？所以，生活中，你完全可以卸下沉重的面具，放开你的心，尽可能让自己享受最大限度的从容之感，在力所能及的情况下按照自己的意愿精彩地生活。

拿得起放得下，人生才更从容

女人要学会用从容的心来面对逝去的感情，不要把爱情当作自己生命的唯一。已经发生的遗憾是永远无法再重新来过的。

对女人来说，有些人有些事是一定要经历的。人生在世，每个女人都在慢慢学着生活，慢慢懂得爱情，没有人告诉女人爱情中的对与错。很多事情发生了，过去了，只给女人留下了遗憾的回忆。有些女人把这些回忆珍藏在心中，一直活在过去，看不到新的希望，这种执著很专情，但却太让女人痛苦。

女人要学会用从容的心来面对逝去的感情，不要把爱情当作自己生命的唯一。已经发生的遗憾是永远无法再重新来过的，紧握故去之人的手并不能让女人重新得到失去的感情，倒不如珍惜自己现在所拥有的。失去的就让它留在回忆里，感情既然已经逝去就让它被遗忘，这样女人才能从容坦然地面对自己的新生活，而不会让早已结束的感情继续束缚自己。

人生短短几十个春秋，几番冬霜寒暑，女人能有多少时间活在过去的遗憾与悔恨中？从容的女人懂得如何去爱惜自己。在得到与失去的过程中，她慢慢地认识自己。其实，感情并不需要无谓的执著。没有什么是真的不能割舍的，感情如果已经离你而去，女人要在落泪以前转身离去，将昨天的甜蜜埋在心底，留下最美的回忆，给自己个机会，能够重新开始。

爱情没有永久的保证书，逝去的感情其实是给了女人一个重新选择归属的机会。其实每一份感情都很美，每一程相伴也都很令人迷醉，但有些爱不一定就是刻骨铭心，无法释怀。这一程情深缘浅，女人要好聚好散。然而有时候，沉迷于感情中的女人不懂，明明自己那么爱的人，为什么忽然就要离自己而去。因为舍不得，所以哭，所以闹，所以伤害自己，到头来发现其实根本就留不住失去的感情。

解决失恋最好的方法就是忘记。忘记恋爱中的快乐、幸福，忘记恋爱中的失落、痛苦。但不要强迫自己去忘记，越是这样越容易想起。当你不再想起他，也就不会再有任何失恋时的感受了。到那个时候，你便会坦然地面对，想起他时，你会感叹一句："哦，原来我曾经爱过他。"

八一队的领队郑海霞，因为与众不同的身高原本就引人注目，回到故乡河南打比赛，更是人群中的焦点。长年的比赛生活，使得她已经习惯了这种关注，郑海霞总是在微笑，轻松的表情里有一份一切尽在掌握的从容和自得。

只有说到爱情的时候，她才会悄悄收起那份开朗的笑容，她承认自己刚刚结束了一段感情，因为这是这么多年来她第一次投身爱情，本以为会和这个男人走到婚姻的殿堂，没想到却因为外界的原因而让爱情悄然驻足。郑海霞说，从前自己的生活很单调，每天都是锻炼、比赛，在遇到这个男人之前，她对自己和未来没有一个确定的目标。直到爱情出现之后，她对于爱情和婚姻的态度一下子来了个大转折。两个人相互扶持，彼此珍惜的幸福让她感到无比的快乐。然而就在她对未来充满甜蜜憧憬的时候，爱情在走过了一年零两个月之后，却无奈地画上了句号。

郑海霞到现在说起那个男人，说起那段感情，都充满留恋，"跟我在一起，他要承受的太多了！我给了他太多的压力……"郑海霞在谈到逝去的感情时，丝

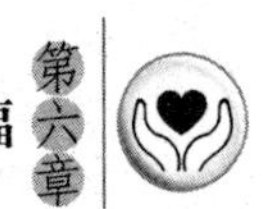

毫没有痛苦的表情，相反，却是一种回味悠长淡淡的微笑挂在脸上。她说：“那段感情教会了我什么是家与责任，虽然我们不能走到最后，但是我相信，我仍然会找到一份属于我的爱情，所以我不伤心。我要继续努力。”

感情是双方的事，既然有人先放手，那肯定是有不合适的地方。面对逝去的感情，女人也只能从容面对，学着释怀，试着看开。不属于你的感情，迟早会离开，并不会因为你的伤心，你的哭闹而为你留下。女人要调整自己，走出失恋的阴影，去为下一段感情而努力。

女人要像郑海霞一样，面对没有缘分的感情，能够大度的放手，挥手送别曾经的爱人。她明白，恋爱是一次已完成的选择，失恋面对的是即将到来的选择。在以后的日子里，会有一个能与她心心相印的人在等待她，所以她无须执着于已逝的爱情。

从容的女人拥有真正深厚的内心。她知道不是所有的辛勤耕耘都会有收获，也不是所有的快乐都可以兑现幸福，真正的波涛都在平静后，真正的深厚就孕育在平和里。女人要坦然面对人生的坎坷羁绊，以欣赏的眼光，在风雨中为自己制造浪漫的情调。

爱情不是生命的唯一，真正从容的心怀能为失去感情的女人带来心灵的宁静，造就她恬淡的心性。一路走来，接受生活中的美满与不如意，放开不属于自己的手，祝福曾经的爱人，从容的女人才会拥有真正精彩的感情生活。

善待压力，才是快乐生活的良方

把自己放在劣势，就是给自己压力，为自己注入进取的动力，敢于把自己放在劣势地位的人，最终就有可能把劣势转化成为优势，从而取得胜利。

生活中的事情太过繁杂，很多人忙得不可开交，手头的事情麻烦不断，整日心烦意乱。但对于从容的人来说，他们不会让压力把自己压垮，因为他们看得透、看得开，不会把很多事都放在心上，他们懂得如何妥善处理和化解压力。

风烛残年的歌德在回忆他的一生时认为，人不过如古希腊神话中的西西弗斯一样，终生服着苦役。压力就像命中注定要推上山的一块石头，不停地滚下来又不停地推上去，如此循环不息。更令人惊奇的是，中国古代的儒家思想也有相似的见解。孔子说的“生无所息”以及孟子说的“天将降大任于斯人也，必先苦其心志……”这一大段耳熟能详的话，无非都是告诫我们要重视压力的存在。压力是一种不可思议的魔力，每个人对压力都有不同的看法。多数人认为压力是一种煎熬，就像被一张无形的大棉被包裹着，压得自己喘不过气来，时时受着痛苦的煎熬。压力真的有这么可怕吗？

在压力下失败的人屡见不鲜。在高考时，有些人因为压力大而发挥失常，被夺去进入大学的机会；有些人因为压力大而选择结束自己的生命；有些人因为压力大，回到家里就乱发脾气，把压力都施加在别人身上；有些人因为逃避压力而不思进取；也有些人把压力大当做失败的理由……外界压力的大与小我们无法左右，但我们自身的压力是可以调节的。给自己压力并不是要求我们必须遭受政治的压抑、经济的拮据、生活的贫困、疾病的折磨、意外的打击，而是要求我们在“励精图治、艰苦奋斗”的条件下求得兴旺发达，克服沉湎享乐和意志消沉，把坏事变成好事，被动变为主动。如果能用正确的心态去迎接压力，从不同的角度去审视压力，压力就不是恶魔的使者，而是天使的变身，帮助你走向成功的道路。

一天，一名剑客去拜访一位武林泰斗，请教他是如何练就非凡武艺的。武林泰斗拿出一把只有一尺长的剑，说：“多亏了它，才让我有了今天的成就。”剑客大为不解，问道：“别人的剑都是三尺三寸长的，而你的剑为什么只有一尺长呢？兵器谱上说：剑短一分，险增三分。拿着这么短的剑无疑是处于一种劣势，你怎么还说这剑好呢？”武林泰斗回答说：“就因为在兵器上我处于劣势，所以我才会时时刻刻想到，如果与别人对阵，我会是多么的危险，所以我只有勤练剑招，以剑招之长补兵器之短，这样一来，我的剑术不断进步，劣势就转化为优势了。”

优势和劣势有时候并不是绝对的。有时，把自己放在劣势，就是给自己压力，为自己注入进取的动力。敢于把自己放在劣势的人，最终就有可能把劣势转化成为优势，从而取得胜利。

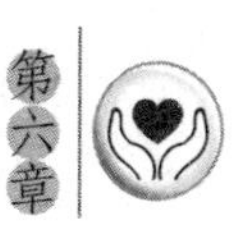

秦末楚汉之战时，楚霸王项羽在背水一战的情况下，让军中的士兵把一切辎重都丢入黄河，一鼓作气，毫无牵挂地冲向敌阵，结果大败敌军。这就是所谓的“破釜沉舟”。也许在现在看来这有点儿冒险，但拥有这种敢于挑战压力的勇气却是十分必要的。在竞争激烈的21世纪，我们不仅需要这种勇气，更要自己为自己制造“破釜沉舟”的机会。海尔公司是中国第一家在美国制造和销售产品的家电企业。回顾进军美国之初人们的种种非议，总裁张瑞敏只用一句话来回答：“进美国，我们毕竟有成功的可能，但如果不进美国，我们就连一次机会也没有。”

没有人喜欢压力，但是压力给予我们的却是在有限时间里自身潜力的完全释放。再懒惰的马，只要身上有马蝇叮咬，它也会精神抖擞，飞快奔跑。所以，压力不是件坏事，它让你每天一睁眼就明确了今天哪些事情要做，让你为自己的目标去忙碌，让你精神饱满地去工作，去生活，让无聊、浮躁、烦闷在你的生活无立足之地，使快乐、幸福、充实充满你生命的每分每秒。

无论是人生或者事业道路上的艰难险阻，还是生活和工作中存在的种种挑战，都让我们感到了压力的存在，让我们增加了对时间的紧迫感。想要成就事业，就不可能不面对压力。对奋进者来说，大大小小的压力，都是无穷的动力，他们喜欢在压力中生活。“东方时空”的梁建增曾在自己的语录中写到，“给自己确立目标，把自己的所学最大限度的发挥出来，把事情做到极致，自我施压一路前行。”每一次的压力都意味着挑战的存在，而追求胜利和前进的决心，让他们得以一次次超越自我。

放弃是一种洒脱的从容

放弃，不等于逃避和退缩，也不等于失落和遗憾，学会放弃会使人聪明睿智，从容地放弃眼前的得失，就会收获明天的成功。

一个老人在高速行驶的火车上，不小心把刚买的新鞋从窗口掉了一只，周围的人倍感惋惜，不料老人立即把第二只鞋也从窗口扔了下去。这举动更让人大吃一惊。老人解释说："这一只鞋无论多么昂贵，对我而言已经没有用了，如果有谁能捡到一双鞋子，说不定他还能穿呢！"

有深度的人都深谙放弃的真谛，他们能从损失中看到隐藏的价值，收获自己最想得到的东西。老者没有因为误失一只鞋子而扼腕叹息，却十分淡定从容的扔掉另一只，这不仅彰显出他高尚的人格魅力，也昭示了他的做人智慧：得失随缘，放弃是另一种获得。

我们相信，当他把另一只鞋子扔出去的时候，虽然失去了一双新鞋，却收获了精神上的富足和成他人之美的赞誉。为人处世，适可而止地舍弃，是获得精神超脱和快乐身心的捷径。

俗话说：人生如棋局，取舍之间，彰显智慧。是坚持还是放弃，是得到还是失去，在人们做决定和选择时，这些疑问经常困扰着他们的思绪。在我们的传统观念中，坚持历来被认为是一种积极的优良品格。坚持，坚持，再坚持，是很多人的座右铭。坚持就是胜利，也似乎成了千百年来的至理名言。可是有谁会看重放弃呢？很多人甚至鄙夷放弃，认为放弃是缺乏毅力，无能的代名词。在坚持面前，放弃往往显得是那么渺小，那么微不足道。其实放弃，有时候是为了更好的坚持。懂得放弃之道的人，他对人生的理解已经颇为深刻。

巴尔扎克有一句名言："在人生的大风浪中，我们要常常学船长的样子，在狂风暴雨之下把笨重的货物扔掉，以减轻船的重量。"人的一生面临许多选择，有迂回曲折的坎坷，也有峰回路转的机遇，而选择的前提是坚持与放弃的取舍问题。成功的关键不在追求得多一些，而在你愿意放弃什么。放弃得正确，你就坚持了准确的方向。同样面对机遇和挑战，有人迎难而上，有人临阵退缩，有人顾此失彼，怎样才能做出正确的选择呢？这时就要拿出放弃的勇气来，该放弃时就放弃，有舍才有得，不在得中求得，而要在舍中求得。

诚然，有时放弃一些东西，我们会有很多的不舍与难过。但不要以为放弃就会失去什么，就算是失去了一些东西，你得到的也比失去的多得多。尤其是

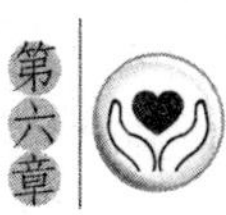

当时过境迁，繁华过后，静下心来一想，那些适时适度的放弃换来的是我们后来的巨大收获。放弃，不等于逃避和退缩，也不等于失落和遗憾，学会放弃会使人聪明睿智，从容地放弃眼前的得失，就会收获明天的成功。

在不少人眼中，放弃就等于畏缩和懦弱，如果放弃了某些东西，就意味着自尊的缺失和无能的暴露，真的是这样吗？其实恰恰相反，放弃是一种谦让的美德，是一种理智的选择，是有深度和风度的表现。张英失去的是祖传的几尺宅基地，换来的却是邻里和睦及流芳百世的美名。

孟子说过：“鱼，我所欲也；熊掌，亦我所欲也。二者不可得兼，舍鱼而取熊掌者也。”鱼和熊掌都得，那当然是最圆满的，但事实往往是鱼与熊掌只能取其一。这时我们就需要学会放弃，只有这样，才不会为一得而喜，为一失而忧，这也是成功所在。如果盲目地坚持两者兼得，结果必然是鸡飞蛋打，得不偿失。

对人生的意义理解深刻的人能够看淡得失，他们深知，懂得放弃，敢于放弃，才会走得更远，攀得更高。

吃点小亏，是福不是祸

生活中如果肯吃点小亏，忍让他人，不仅可以化解尴尬为难的困境，还能够树立起自己的威信，肯适当地牺牲自己的利益帮助别人的人，别人也愿意帮助你。

每个人都不愿吃亏，吃亏就意味着一时的失去，很多人甚至在吃亏后心理极不平衡，对他人心生怨恨。这不仅破坏了和别人的关系，而且很容易影响自身身体健康。

中国有句古话是“吃亏是福”。可是现实生活中却没有几个人愿意吃亏，有一点点损害自己利益的事情发生就大呼小叫，愤愤不平。试想，这样斤斤计较的人怎么能从容地与上司、同事、朋友愉快相处呢？

有些初涉职场的大学毕业生，他们觉得自己学历高，是人才，所谓初生牛犊不怕虎，在职场上横冲直撞，吃不得一点亏，这样势必会得罪不少人。人际关系搞不好，自己也会很苦恼，谁不希望得到别人的认同，被别人喜欢呢？

阿军刚进公司的时候，认为自己是大学毕业生，身份自然不同，所以在报到的那天没有和前台接待小姐打招呼。在以后的工作过程中，他很少用到“谢谢”等用词。渐渐地，他发现在工作中，同事们并不怎么认可他的能力，关系也很冷淡。

后来他开始试着改善自己的言行，在工作过程中多用些对别人表示敬意的礼貌用语，而且常常主动帮人干活，多做事，这帮助他走出了人际关系的困境。他深有体会地说：“多用些礼貌用语，平时多付出些，看似吃亏了，但相比下来，却是因祸得‘福’啊。”

告别了单纯的校园生活，进入到社会的大熔炉中，越能适应形势变化的人，生存能力就越强。这里所说的“适应”包括受点“委屈”、多“吃点亏”这样的做人哲学。

其实，一个新人刚到一家公司时，老板通常不会也不敢将重要的工作项目交付给他来完成。那么，如何让老板对你的工作能力产生信心呢？据有经验的“过来人”介绍说：“这完全体现在刚开始工作的那些所谓杂活里。虽然不起眼，也不是很重要的工作，但如果你仍然努力完成工作，这其实就是在给自己加分。”如此看来，老板一开始安排的工作的确是“小儿科”，如果你肯吃这点亏，便是将来担当重任的基础。

不仅职场如此，生活中如果肯吃点小亏，忍让他人，不仅可以化解尴尬为难的困境，还能够树立起自己的威信，肯适当牺牲自己的利益帮助别人的人，别人也愿意帮助你。

小刺猬是一种很奇特的小动物，他们不伤害别人，也不怕任何动物的伤害。因为他们的背上长着密密麻麻的刺，狮子老虎来了，他们就迅速地缩成一团，竖起尖尖的刺，狮子老虎无从下口，只好垂头丧气地溜走了……

到了冬天，小刺猬喜欢一大群挤在一起相互取暖，可是严冬过去之后，大家却发现自己遍体鳞伤，没有一只例外，这让他们很沮丧。

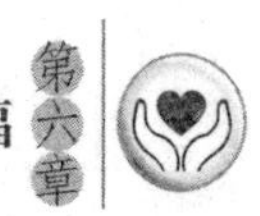

其中有一只小刺猬大概比其他的聪明些，在又一年冬天即将来临前，他决定先去向他认为更聪明的猫头鹰爷爷请教一下。为什么呢？因为猫头鹰爷爷老是睁一只眼闭一只眼，好像总在思考问题，那他一定是很有学问的啦！

“猫头鹰爷爷，您好！为什么我们小刺猬过冬之后总是遍体鳞伤呢？”

“好孩子，你得先告诉我，你们是怎么受伤的啊。”

“天冷了，我们喜欢一大群挤在一起，相互取暖。但等暖和后一分开，就发现我们都受伤了。”

“噢！我想想……”

“有了！”猫头鹰爷爷沉思半天后突然大叫一声，“你们一定都竖着刺吧？”

“是啊……”

小刺猬望着猫头鹰爷爷，觉得这个问题很奇怪。

“你们都竖着刺，又要一大群挤在一起，当然就互相扎伤了啊。”

“其实啊，如果你们都把刺收起来，不就不会扎伤了吗？”

“那可不成！如果我把刺收起来，其他刺猬都扎我，那我不就吃亏了吗？”

“好孩子！我相信你是一只聪明的小刺猬。如果你肯吃点小亏，先把刺收起来，一定会换来你们一群的安宁。”

“相信我！没错的……”

小刺猬将信将疑地回到了群里。在大家聚到一起的时候，它听从了猫头鹰爷爷的劝告，首先收起了尖利的刺，也很快就挨了两下扎。正当它准备奋起反击的时候，忽然想起了猫头鹰爷爷的话，便强压怒火，更紧地蜷缩成一堆。

很快，周围的两三只小刺猬发现了它的“异状”，既然没有了被它扎的危险，便也学着收起了刺。就这样，一传二，二传三，所有的小刺猬都收紧了尖刺，挤在一起度过了一个温暖的冬天……

春天来啦！它们欣喜地发现，除了第一只小刺猬挨了两下误伤，其它所有的小刺猬都没有受伤！小刺猬们高兴极了，它们推举聪明的小刺猬做了它们的首领，从聪明的小刺猬那里知道了更聪明的猫头鹰爷爷之后，它们采集了很多鲜果送给猫头鹰爷爷。猫头鹰爷爷尽管更爱吃小耗子，还是满意地收下了礼物。猫头鹰爷爷闭着一只眼睛，语重心长地说了句：“记着，吃亏是福啊……”

多忍让、多付出的人，用一颗坦诚的心与人交往，必然会得到相同的回报。

吃亏是一种从容的胸怀，是一种品质，一种风采。不懂吃亏，就不能轻松自在地领悟人生，吃亏是无价的珍宝在每个人心底深深珍藏。

淡然面对人生不平事

其实，要真正走好自己的路并不容易，一路上可能会有坎坷和不平，要想走好自己的路，就必须学会应对坎坷和不平的技巧，要有披荆斩棘的斗志和从容对待的勇气。

人生没有谁是一帆风顺的，总会有种种的不平事来考验女人，这时你不要轻言失败，无论是生活还是事业，女人一生的幸福都只能掌握在自己手中，除了自己，任何人也不能为你打开幸福快乐的大门。所以女人一定要走好自己的路，从容接受人生的不平，要知道，有时候女人走错一步，走好人生的自信心就再也无法找回来了。

李文曾有一个令她骄傲的丈夫。然而，随着丈夫生意越做越大，回家的次数越来越少，他们的感情也越来越冷淡。在1998年12月1日的那个晚上，一个电话终于打破了她平静的生活："你老公已和我好了很长一段时间了……"

"离婚!"她大叫，但丈夫不同意。日子就这样一天天地在心碎中过去了，李文发现丈夫和那女人越发的肆无忌惮了。为了女儿，她只能忍。

李文破碎的心，在好友何某那儿得到慰藉，何某的一双儿女都是在她工作的幼儿园长大的，她常常替何某接送孩子，有时就留在何家吃饭，何妻对她也格外热情。而何某的"特别"体贴真正熨平了她的心。终于，他们开始正式约会了。

这一切最终还是没能瞒得过何妻，李文脸上已挨了何妻两记重重的耳光，而一边的何某却是一脸的冷漠，她明白，何某已在妻子和她之间作出了选择。

1999 年 3 月 15 日早上，李文以何某发生交通事故为由，将他的儿女从学校里骗出，带着自己的女儿一起住进珠海某酒店的别墅。下午 5 点左右，李文的丈夫打电话给她：“何家已经报了警，你赶快回来，就是现在把孩子送回来，你也得坐个十年八年牢！”

面对如此的打击，李文彻底崩溃了，她觉得所有人对她都不公平，突然，她的目光停在 3 个孩子身上。她先将何某 11 岁的儿子带到楼上的一个房间，将一条红领巾套在他的脖子上，可怜的男孩还没有来得及弄清是怎么回事，就倒在了床上。然后李文又将何某 8 岁的女儿也带进同一间房，用同一条红领巾、同样的方法将她勒死。而后，李文拿出刀片，向两个孩子的手腕割去……

解决掉何某的两个孩子后，李文将惊恐万分的女儿拉到自己身边，拿出已准备好的安眠药，自己吞下了整整一瓶，又让女儿吃下了半瓶，然后，她同样用刀片割破了俩人的手腕……

不知过了多久，当李文再次睁开眼睛时，看见她床边站着警察。警察告诉她，何某的两个孩子当场死亡，李文的女儿后来幸运地被抢救过来。而李文因为残忍杀害了两个孩子，即将被判处死刑。

人生之路尽管漫长，但每个人走的机会只有一回，因为人生没有重来一次的机会。因此，女人必须要把这仅有一回的人生之路走好，但这不是一件容易的事。人生无常，当不平之事来临时，女人若计较得失，一味地钻牛角尖，那只会使自己的路越走越窄。试着放宽心，从容地面对劫难，任不平之事发生，不为所动，想办法让自己活得好才是女人正确的做法。

尽管每个人的人生之路各不相同，或者是每个女人“走”的方式不同，但共同点是女人都必须要“走”，而且应该走好。其实，要真正走好自己的路并不容易，一路上可能会有坎坷和不平，也可能会有荆棘和艰险。因此，我们要想走好自己的路，就必须学会应对坎坷和不平的技巧，要有披荆斩棘的斗志和从容对待的勇气。愿女人都能把握好自己的人生，从容面对人生的不平。

做人要有福祸自便的心境

人要学习腊梅的精神，在逆境中不低头，面对灾祸不悲伤，本着一颗从容的心态面对生活，活得潇洒自如，任福祸自便，不会因灾祸打击而丧失心志。

世上最耐闻的花，往往不是那些出自于温室的娇艳花朵，而是那种出自数九寒天，经历过风吹雨打的腊梅，正所谓“梅花香自苦寒来”。人也要学习这种腊梅的精神，在逆境中不低头，面对灾祸不悲伤，本着一颗从容的心态面对生活，活得潇洒自如，任福祸自便，不会因灾祸打击而丧失心志。

相信下面这个故事更能让你体会到一个人从容面对灾祸的气度。

故事的主人公叫杨慧丽，出生 8 个月后便被病魔夺去了健康的躯体，下肢全瘫，右手肌肉严重萎缩，仅左手能稍作活动。

但杨慧丽从未向灾祸低头。18 岁开始她就独闯世界，从摆小书摊起走上自食其力之路。后来杨慧丽办了家友谊书店，惨淡经营近 10 年，终于在经济上小有积蓄。1994 年，杨慧丽三十而立时，她闯进了岳阳市湘阴县这块民办的荒芜园地，办起了全县第一家私人幼儿园——友谊艺术幼儿园，如今已形成一园两部、400 多入园幼儿的规模，从此一发不可收拾：1996 年创办了县里、市里第一家特殊教育学校——湘阴县特殊教育学校。四年下来，使近百名残疾、弱智少儿入学，如今仍有 53 名在校学生；1998 年又创办了集小学、初中、高中于一体的慧丽实验学校，这也是湘阴县第一家民办学校，学校如今已达到了 25 个教学班、900 余名学生的规模。

就这样，一个功能齐全并有一定规模的基础教育集团在湘阴县、在岳阳市横空出世。杨慧丽在轮椅上创造了人生辉煌。

人家说，杨慧丽是克服了不知多少平凡人难以想象的困难才办起幼儿园、特教学校和实验学校的。当然，杨慧丽自己对其中的酸甜苦辣体会更深。

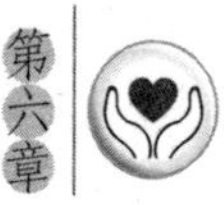

1995年，她筹集资金50万元，交给一个部门，征地办特教学校，钱交了，但等了一年多，地却未征到，还白白损失利息6万多元。1996年，特教学校办下来后，第一年就亏损了8万元，而按杨慧丽特教学校既要正规办学，又要对困难家庭子弟减免学费，这个亏损只有增多，没有减少。但她坚定地表示：“我自己是残疾人，我最懂那些残疾少儿的心，为了他们，就是倾家荡产，我也要将这所学校办好。”

从此，杨慧丽将自己的主要精力放到了特教学校，她言传身教，以自己亲身经历勉励同学们自信、自强。同时她又设身处地为残疾、弱智少年儿童着想，在教授文化课的同时，对15岁以上的青少年，每人教他们学一种或缝纫，或理发，或按摩，或工艺等谋生技艺。她的办学思路和实践，使得一些远在长沙、岳阳等地的残疾少儿的家长，也将孩子舍近求远，送来湘阴入学。

有人劝她，“你自己是个残疾人，办好书店，赚些钱享福算了，何苦花那么多钱，那么大心血办学。”她却将办书店赚的钱全部投进学校，而且四处借贷，筹集了800万元建起了实验学校。如今，学校不仅有总面积近8000平方米的四栋五层大楼，而且有价值百万元的档次较高、设施较全的教学设备。

杨慧丽是一个典范，身体的残疾对她来说是一场灾祸，但她全然不在乎，从容地对待生活，即使是自己经营的书店盈利了也不在意，对她来说，福祸都是上天给她的一种考验。做人要学习杨慧丽的这种从容的心态，无论发生什么事都保持一颗平常心，任福祸自便。

没有人可以保证你的一生是万事如意的，所以在不期而至的福祸面前，我们要牢牢握住自己手中通往幸福的那把钥匙：从容。

从容是一种美妙的生活态度。生活不全是鲜花和美酒，风雨坎坷在所难免，如果你在困难和挫折面前被压倒，怀疑自己的能力，被挫败感所控制，就会觉得生活充满痛苦，前途暗淡无光，成为生活的奴隶，失去生活的乐趣；相反，当你的心态变得从容时，就会恢复自己的信念，同时你也会感觉到自己有驾驭生活的能力，感到生活的美好、未来的光明，从而对生活恢复希冀，整个人生也因此充满快乐。

第七章

镇定自若是放下杂念的非凡胆识，举棋若定方能赢得大局

纵观那些曾经创造辉煌的人物，那些被人誉为天才的伟大人物，他们都曾经驾驭过别人，都有战胜一切阻碍的力量和勇气，但是，他们最先战胜的是自己的情绪，因为战胜了自己的情绪，他们才能在关键时刻镇定自若，拥有非凡胆识，从容不迫，临危不惧，从而化险为夷，让接下来的一切事情变得简单和易于解决。现实生活中的我们也要成为一个从容不迫的人，学会用从容的心态武装自己，用从容的智慧升华自己。

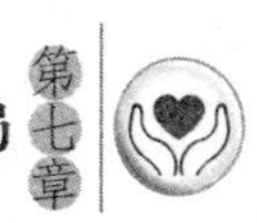

任何事情都要审时度势

若我们做事眼疾手快，善用每分每秒，能运筹帷幄、审时度势、从容而行，那成功对我们而言便如同探囊取物。

正如“得时者昌，失时者亡”所言，世上最变幻莫测的非时势莫属。所以，我们做任何事情都要审时度势，因时制宜。那何谓审时，何谓度势呢？审时，是用高瞻远瞩的眼光、远见卓识的见解对时局、现状的一种准确认识；度势，是用心中有数的态度、胸有成竹的从容对事态变化的一种自信把握。

把握好一个时机，便能扭转局面，转变我们人生旅途的航向。因此，我们做任何事情都要行成于思、眼疾手快，要有先见之明，量力而行，根据环境的变化灵活、敏捷、大胆地从容应对，不仅要发挥自身的一切优势，积极利用一切可利用的力量，还要充分了解外在的动向，寻求一切有利条件，为自己所用。刘备就是这样一个善于审时度势，能从容面对任何事情的高手。

刘备从一个卖草席的破落皇族起家，本钱上根本没法和曹操、孙权相提并论，但刘备选择的策略——一切从实际出发、审时度势却使他成就大业，永载史册。刘备蛰居乡里多年，并没有做出什么惊天动地的大事，直到黄巾起义的爆发。刘备熟读兵法和史书，他判断：黄巾军起义一定会闹大，与朝廷必有一场大的争斗，汉王朝即将走向灭亡，我辈崛起正逢其时。

审时度势的刘备，看准机会，便不再犹豫，毅然选择了起兵。他招兵买马，打造兵器，招募乡勇，征讨黄巾军。选择起兵，单独发展自己的势力反映出了刘备的从容而有远见的眼光，要知道在乱世中依靠他人，势必受他人钳制，是不利于自身发展的。

于是，刘备开始为实现自己的志向储蓄力量。他先是拜郑玄、卢植为师，结识公孙瓒，然后又率领关张等部下跟从校尉邹靖讨伐黄巾军。因为有功劳，刘备被任命为安喜尉，这奠定了他日后逐鹿中原、登上政治舞台的基础。同时，刘备也在利用各种手段为自己创造有利态势，吸引公众注意力，从而提升个人知名度。

真正让刘备崛起的时机是在得到荆州、有了立足之地以后。他之所以要投奔刘表，不仅是因为刘表乃其远房表哥，同为汉室宗亲，更重要的是他看中了荆州。荆州自汉末以来，很少经历战争，因此中原大部分为了逃避战祸的名士都避居于此，经济发展很快，可以说算得上是一个“鱼米之乡”，人人都对此地垂涎三尺。这一根据地的选择充分反映出刘备审时度势的战略性思维。

正是从这个战略思想出发，刘备十分注意广泛结交名士，招揽人才，屈尊礼贤，三顾草庐访孔明；同时，他体恤百姓，广施仁慈，使民众都知道他“宽仁爱民”，在荆州树立起很高的声誉和深得人心的政治家形象。得益于他对荆州的悉心经营，当曹军南下时，荆州民众有十几万人跟着他撤走，许多荆州士人也先后聚集到他的周围，虽然一时被曹操击败失去了荆州，但后来还是在荆州扎下了根，取得了一块创立霸业的重要基地。

刘备之所以战略运用得非常恰当，这其中固然有诸葛亮的出谋划策，但更重要的是他本人具有审时度势的战略眼光。否则，再好的谋士也不能发挥作用，再好的计策也不会被采纳。

凡事能审时度势地考虑，亦是个人洞察力、决策力、运筹力和前瞻性等综合素质的体现。凡这些素质高的人在处理事情时，就不会感情用事，一定是在把握住事物发展的本质联系，事先预料到事情的结局后，再依据客观形势、具体条件制定相应的对策着手去做。福田康夫恰是凭借此招，成功坐上日本首相宝座，成为日本宪政史上首次出现的父子首相。

出生于1936年7月的福田康夫，是日本前首相福田赳夫的长子。福田康夫虽然有着显赫的家庭政治背景，但他本人并非一开始就想从政，在当公司职员的时候，福田康夫就把自己当成是公司的普通一员。据当时的同事回忆说，福田康夫看事物视野开阔，学习认真，不做表面文章，实实在在做事，让人感到放心。就这样，他在公司一干就是17年，从一般的职员干到石油进口科长。在公司工作培养了福田康夫从容、务实的精神和审时度势、正确判断复杂事物的

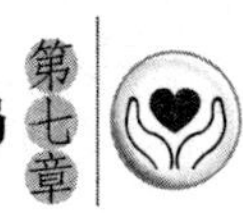

能力,为以后从政奠定了良好的基础。

1976 年,福田康夫成为父亲的秘书,1977 年升为首相秘书官,1990 年 2 月当选众议员,时年 53 岁。而他在政治上真正发迹则得力于前首相森喜郎和小泉纯一郎的提拔。2000 年,时任首相的森喜郎力排众议,任命名气不大的福田康夫为官房长官,2001 年小泉上台后,福田康夫连任官房长官,直到 2004 年。福田康夫自称是“辩白长官”,但实际上他是“外交通”,因此被人称为“影子外相”。田中真纪子当外相时与外务省官僚矛盾重重,外务省干部经常倾听福田康夫的意见;川口顺子作为民间人士入阁担任外相时,福田康夫经常分担川口的工作。福田康夫作为官房长官经常与大臣协调工作,而他从容、出色的才能便逐渐展现出来。

2006 年下半年,小泉确定 9 月下台,党内公认福田康夫是安倍最有力的竞争对手,但他在讲演中说,“从来没有想当首相的想法,人们说政治家都想当首相,但也有不想当首相的人”;后来又说,“自己年龄大了,这么重要的工作,这个年纪还能做吗?”安倍上台后,有人问福田康夫是否还会出山,他回答说,“除非风云突变”。就在安倍突然辞职,麻生太郎认为自己接班几成定局的情况下,福田康夫杀将出来,理由是作为政治家没有逃跑的理由。最终在除麻生派之外的所有派阀支持下,福田康夫击败麻生成为了自民党总裁。

福田康夫最终成为首相反映出他做事善于审时度势,该出手时才出手,这样便能确保最终成功。这也说明无论做什么事情,只要你有机变如神的机谋,遇事能从容面对,肯定会有更大的成就。

所以成功最重要的因素,是选择时机,把握时机,审时度势,认清时务,乘势而为,从容处之。要知道任何成功的机遇都来自你对时代潮流和形势的判断和识别,并且能顺势而上,从容、当机立断地顺藤摸瓜。所谓识时务者为俊杰,确为千古名言!

身处险难之中，冷静应对

险境中的从容心态，让人举止若定、临危不乱，更能助人成功脱险，走稳人生的每一段旅程。

人世间，没有任何一种姿态能与“从容”相提并论，没有任何一种态度能与“从容”同日而语，没有任何一种思想能与“从容”比肩媲美。从容的人，不会因外界的风声鹤唳而瑟瑟发抖，不会因世俗的得失而锱铢必较，不会因身体的顿挫不适而万念俱灰，不会因生命的瞬间飘逝而惆怅莫名。

从容的人能够洞察一切，尤其是在险境中，他们能稳定心绪，镇定自如，坦然地接受、面对，让自己清醒地做出决断，破茧而出，险中求胜，收获人生中的硕果。

转业后到郑州市公安局治安支队工作的刘成俊，当了一名排爆民警。一年夏天，几位年长的村民围着几个锈迹斑斑的“铁疙瘩”议论说看着像炸弹。警方经过初步核实，在这个镇上发现了50余枚解放战争时期遗留下来的随时都有可能爆炸的废旧燃烧弹、手榴弹及手雷等危爆物品。这个消息犹如一声惊雷，迅速在镇上传开了。

险境之中，刘成俊主动请缨，套上防爆服，认真观察了这些危险品，并从容地做出排爆战略，与战友们冒着高温和生命危险苦战3小时，终于将危险全部排除，成功把危爆物品引爆销毁。“当时地温比较高，燃烧弹磷的比重较大，燃点低，达到39摄氏度就会自燃。乡亲们目睹那惊心动魄的场面后，听说爆炸物品被成功销毁引爆，都不约而同拎着整篮的鸡蛋、水果来感谢我们！”谈及当时的经历，刘成俊记忆犹新。“干我们排爆民警这一行，最大的危险就是，你必须站在离炸弹最近的地方，这意味着什么，大家心里面都清楚。所以说，我们必须先制定排除策略，与死神赛跑，而且一定要赢！”刘成俊说。

还有一次，一个工具商店工作人员在上班时，突然发现空调外机内侧有一

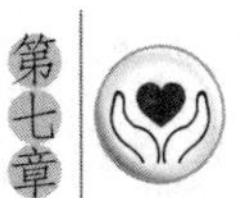

个带有引线的用塑料袋包裹的可疑物体，疑似爆炸物。经辨认，警方确定可疑物为自制爆炸装置，刘成俊与同事们带着炸弹探测仪等专业拆弹工具赶到现场，进行检测。刘成俊把手伸向了不明物体，并把手指小心翼翼地伸向引线，警戒区外围观的群众都屏住了呼吸，许多群众更是不自觉地往后挪起了脚步，现场的气氛十分紧张。

经过细心检查，刘成俊与同事认定，这是自制的拉拔式爆炸装置，如果拉动引线，就会引起炸弹爆炸，由于从外观上无法判断炸弹是否有雷管，炸弹可能具有很强的危险性，需要立即排爆。了解这些情况后，为从容地解除危险，保证围观群众的安全，刘成俊指挥现场 10 余位民警随即再次扩大了封锁范围。一剪子，两剪子……伴着拆弹专家手部的动作，围观人群中发出阵阵惊呼。5 分钟后，炸弹中的黑火药被倒在铺在地上的报纸上。刘成俊的手离开炸弹，宣布炸弹被拆除。

“身为排爆警察，我干的就是这样的工作，越是危险时刻，我们越得从容对待，确保排爆万无一失。”说起排爆经历，刘成俊说：“从事排爆工作的人员首先必须有奉献精神，这是最基本的；其次需要有高超的技术，才能保证万无一失；再次心理素质要特别好，要从容，不能怯场；最后要有科学的态度，与时俱进，不断提高业务技能。”刘成俊对自己的工作很有心得的说道。

正是这种从容的态度，让刘成俊在执行这些危险重重的排爆任务时，能化险为夷，并多次赢得“市安全生产先进工作者”称号。

同是面对险境，为革命一腔热血的俞作豫，凭借着临危不惧、镇定从容的勇气得以脱险，继续为共产主义理想“抛头颅、洒热血”。

1930 年 2 月 1 日，李明瑞、俞作豫根据右江前委指示在龙州举行了起义，成立中国红军第八军，李明瑞为红军第七、第八军总指挥。邓小平兼红八军政委，红八军下辖两个纵队，军长俞作豫，政治部主任何世昌（兼红八军军委书记），同时宣布左江革命委员会成立，王逸任主席。

俞作豫接着挥师追剿叛军，打击反动地主武装，发动工农驱走法国领事，击毁侵我领空的法国飞机。3 月 20 日，敌人突然袭击龙州，敌众我寡，斗争失利。俞作豫突围后，继续受到敌人追击，在俞家舍两次险些被捕。第一次，敌人探知情况到俞家舍追捕他，敌人已从左侧楼梯冲上去，他临危不惧，镇定自若，头戴斗笠，手提菜篮，乔装打扮，从右侧楼梯从容而下得以脱险。第二次，敌人抓捕他时，大批武装包围了俞家舍，紧急关头，他勇敢地从楼顶天棚跳到隔壁的窦氏行馆再次逃离魔爪。

俞家舍已无法藏身，于是他准备出走香港。此时他想看看体弱多病的老母亲，因父亲刚去世不久，由于忙着龙州起义的工作而一直未能回家。他欲见其母又怕母亲悲伤，挽留儿子不放，只好回到自家屋旁的祠堂横屋小阁楼上，从小窗看母亲放鸭子，路过楼外小路时，默默含泪望着母亲的身影告别，当晚就匆匆取道去了香港。

面对敌人近在咫尺的危险状况，俞作豫始终保持着处变不惊、临危不乱的从容心态，如此他才得以成功脱险，继续与敌人周旋作战。人生之路并不平坦，我们难免会经历种种的曲折、艰难、困苦。面对险境，用从容的心态去选择和看待，才能不动声色，摆脱困境。

险境中的从容心态，如傲松之于严冬："大雪压青松，青松挺且直"；险境中的从容心态，如义士之于刑枷："我自横刀向天笑，去留肝胆两昆仑"；险境中的从容心态，如智者之于声色利诱："淡泊以明志，宁静以致远"；险境中的从容心态，如战士之于战场："粉身碎骨浑不怕，要留清白在人间"……

有勇气，才能成大器

奋斗之路，少有平坦，更多的是坎坷；少有美妙的乐曲，更多的是沉重的音符；少有朗声大笑，更多的是眼泪心酸……唯有勇气才能使你逾越一切障碍，终成大器！

勇气是我们每个人心灵深处的灯塔，能照亮我们前行的航线；勇气是黎明时分从地平线冉冉升起的朝阳，能给我们无限的力量和激情；勇气是指引我们

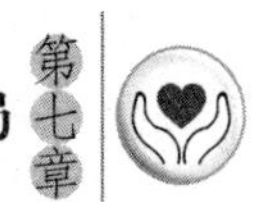

实现理想的航标，能带领我们去拼搏创造，力争成功。

在实现自己人生追求的道路上遇到荆棘、阻碍是在所难免的，就像蝴蝶不经历那破蛹前的痛苦挣扎，便无法在天空自由飞翔一样。在这条充满艰辛的道路上，有些人会因困难重重而意志消沉，一蹶不振；有些人会因荆棘遍野、迷失方向而逐渐退缩、半途而废；也有些人依然会鼓足勇气、奋勇向前，因为他们心怀执念，想看到"柳暗花明又一村"的美景。只有勇敢地坚持下去才会越过那重重的困难，体会到"会当凌绝顶，一览众山小"的美妙！

我国在戈壁滩上进行第一颗中近程火箭的试验发射时，发射计划几番推迟。由于天气炎热，推进剂的温度过高，密度随之变小，总重量也就变小了。经过计算，火箭的射程不够，达不到落区，整个测量设备都不能工作，发射工作因此受阻。为了解决这个问题，许多专家都考虑到多加推进剂，但由于燃料贮箱有限，推进剂实际加不进去了。

就在大家绞尽脑汁想办法时，一个高个子年轻人站起来说："火箭发射时推进剂温度过高，密度就要变小，发动机的节流特性也要随之变化，经过计算，要是从火箭体内泄出六百公斤燃料，这枚火箭就会命中目标。"大家的目光一下子聚集在年轻人的脸上，他就是在座军衔最低的一名中尉。面对年轻人的建议，立刻就有人进行反驳："本来火箭射程就不够，你还要往外泄？"于是，再没有人理睬他。中尉没有放弃自己的主张，他想起了坐镇酒泉发射场的技术总指挥钱学森。临发射前，他鼓起勇气走进钱学森的宿舍。

在耐心细致地倾听这位中尉的解释之后，钱学森决定采纳他的建议。果然，火箭泄出一些推进剂后，射程变远了，连打三发，发发命中目标。而这一颗中近程火箭的成功发射，标志着中国运载火箭取得了关键性的突破。那名年轻的中尉就是王永志，后来的中国载人航天工程总设计师、2003 年度国家最高科学技术奖得主。

王永志之所以能成大器，自然离不开他个人的天赋与努力、钱学森的指点与提携，但这其中最重要的是他过人的勇气。正是他所拥有的了不起的勇气，才使他从强手如林的科技人员中脱颖而出，创造性地实现了我国运载火箭的突破，在航空研究史上刻下了自己的名字！

正如王勃诗云："老当益壮，宁移白首之心；穷且益坚，不坠青云之志。"在遇到那丛丛荆棘时，若是我们能鼓起勇气，直面挫折，从容地擦一擦额上的汗珠，轻松地拭一拭眼中的泪，继续昂首前进，你势必会看到蓝蓝的天空，白白的云朵，和属于自己的美丽彩虹。星怡正是因为能直面自己的不足，勇敢地推荐自己，才得到了上司的认可，成为华尔街令人尊敬的女强人。

星怡经过刻苦攻读取得了华盛顿大学中文系博士文凭。一天，她在翻阅《纽约时报》时看到了某大公司的招聘广告：要求求职者有商学院学位；至少三年的金融或银行工作经验；能开辟亚洲地区业务。虽然自己的条件并不符合要求，但星怡还是很快整理好个人资料给这家公司寄了过去。

此后，星怡坚持每天主动与这家公司联系，以致公司人事部门一听到是她的声音，便想着各种理由婉拒。但她并没有灰心，仍然想办法通过各种渠道与对方联系。最后，星怡鼓起勇气拨通了这家公司总裁的电话。星怡在电话里坦言："我没有商学院学位，也没有在金融业的工作经验，但我有文学博士学位，而文学就是人学，长期的文学熏陶使得我非常善解人意。我是一位女性，在读书期间，遇到了许多歧视和困难，但我不仅没有退缩，反而鼓起勇气，变得更加坚强。基于我拥有的优点，我相信贵公司会为我提供一个施展才华的平台。如果贵公司感觉在我身上投资风险太大，可以暂时不付我佣金。"总裁最终被星怡所打动，让她来公司参加面试。

经过严格筛选，星怡从数百人中脱颖而出，成了面试中唯一的胜利者。这个结果出乎很多人的意料。事后，总裁告诉星怡："我们之所以选用你，是因为你是一个不会向生活和命运妥协的人，一个有勇气面对自己不足的人。知识不懂可以学，可人的性格是与生俱来很难改变的。"

如今，在商界打拼数年的星怡在华尔街创建了自己的公司，有了属于自己的天下。

面对自己毫无优势可言的招聘条件及看似无望的面试，星怡没有气馁，而是鼓起勇气给公司总裁打电话，坦诚诉说自己的不足，并及时、恰当地表现出自己的优势。这惊人的勇气为星怡赢得了涉世之初的工作机会，也是她成就事业、创造辉煌人生的奠基石。

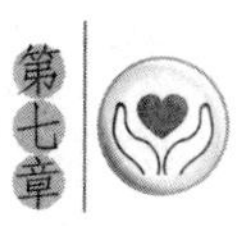

诚如上面这位总裁所说，真正的勇气是人的一种性格，是人的精神、人格、智慧的结晶。拥有了勇气，我们就能独自越过险峻陡峭的高山；拥有了勇气，我们就敢于面对自己的不足，敢于挑战生活的磨难；拥有了勇气，我们就能成为命运的主人，始终扬起成功的信念，最终成就不凡的自己！

有胆有识，是成功者的必备条件

胆识，是人们勇敢而从容地承受生活中一切艰辛的根基，是人们赢得成功的重要资本。

成功是每个人的渴望，而其实每个人都是具有成功的潜能的，人与人之间并没有多大差别，但生活中成功者往往却是少数，为何呢？不少人从不同角度做出了解释：或说成功靠恒心，或说成功靠信念，或说成功靠机遇，或说成功靠心态……而我们要说的是：造成这一巨大差距的秘密是“胆识”，胆识是成就你显赫声名、卓越伟业的必不可少的资本。

有这样一句话说得好：你的胆识就是你真正的主人，胆识的大小决定了你事业的大小。一个人有胆识，其外在表现就是从容、强势、果断、冒险。人有胆识才能从容，从容才敢于冒险，才敢作敢为而不是畏首畏尾、瞻前顾后，才能成就不凡的事业。王逡就是用他的胆识在涉世之初获得了认可，从而在事业上扶摇直上。

大学毕业后，王逡幸运地进了一家大公司，并被总部派到分公司负责财务工作。一天，财务部电话响了半天，王逡过去接，电话那头是个中年男子，听到他的声音劈头就问：“你是哪位？”王逡很纳闷，于是问道：“请问先生，您找哪位？”对方好像很急，说：“你是新来的吧，态度不好呀！”王逡一听奇怪了，反驳道：“先生，您打电话当然要说找哪位，您怎么能开口就问别人是谁呢？”不等他说完，对方就挂断了电话。

没过多久，总经理带着几个部门负责人来分公司做市场调研，并与员工们一起开座谈会。座谈会主要讨论消费者投诉产品说明书不够明晰、用语不标准，从而影响阅读的问题。分公司经理和几个业务人员都提了一些意见，但都不痛不痒。轮到王逡时，老总看了他一眼，笑了笑，问："你是新来的？上次我打电话是你接的吧？当时我有点急事，所以用语不很标准，请你原谅！"王逡忙站起来道歉，说真的不知道电话那边就是总经理。总经理摆摆手："没事，本来就是我不对，你也可以发表一下对说明书的看法呀。"事已至此，王逡大胆直言，就把自己对产品说明书的看法和盘托出，说的过程中王逡似乎感觉到分公司经理碰了一下他的腿，但王逡没在意，一口气说完，老总一直带着微笑看着王逡，不时点头。散会后，分公司经理把王逡拉到一旁，说："很多事情你不知道，不要乱说嘛。你知道说明书是谁写的？是老总夫人呀！"王逡一听头大了，心想真是祸不单行，等着被炒吧。

果然，没过多久，人力资源部下达了通知，不过不是被炒，而是把王逡调到总部审计部任分支机构财务审计。办了入职手续后，人事部经理笑着走过来，拍拍王逡的肩说："王逡，好好干，老总很欣赏你的胆识呀，说你有一种初生牛犊不怕虎的从容和勇敢啊，不要辜负老总的希望啊。"几年后，王逡就升职为审计部副部长，成为公司年轻有为的学习榜样。

像王逡这样对自己人生准则和原则的坚守也是一种胆识，它会成为我们被人赏识，走向成功的资本。

正所谓"人生难得几回搏"，一个人的生命只有一次，所以我们要好好珍惜自己的美好理想，并勇于用胆识来实现它。但我们的胆识并不是与生俱来的，也不是凭空妄想获得的，而是在社会实践中通过意识和潜意识的作用逐渐培养出来的。如果你渴望获得事业上的巨大成功、体现自己的人生价值，那就必须向蔡衍明学习，并从现在开始，积极培养自己的胆识，尽全力一步一个脚印地向自己的终极目标奋进！

旺旺集团老总蔡衍明出生于台北富贵家庭。19 岁时，高中毕业的他主动请战去到父亲的宜兰食品厂当总经理。当年，宜兰食品厂只是一家生产外来品牌的食品加工厂，并不具有自主品牌的产品。蔡衍明总觉得做贴牌生产是要看别

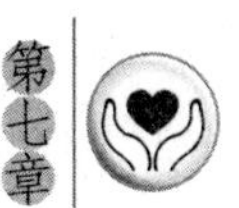

人的脸色，仅凭这一点就不是蔡衍明行为处事的一贯作风，于是他决定生产自己品牌的产品，并开始生产起了“浪味鱿鱼丝”，结果因不了解行情遭遇惨败。凡事要强的蔡衍明无法承受这样的打击，为了挽回自己的颜面与自尊，蔡衍明自动收敛起以往招摇的形象，刻苦寻求东山再起的时机。上天总是会眷顾有胆识、不断在实践中总结经验的人，三年后，机会终于开始向他招手。

为了创出自己的品牌，蔡衍明了解到台湾的稻米资源一直是处于过剩状态，多出来的稻米可以加工成附加值较高的副食品——米果，这个想法一旦形成于蔡衍明的脑中，就立马成为了他向前直冲的动力。于是，他便开始盘算着从日本引进生产米果的技术。在获得日本三大米果厂之一的岩冢制提供的技术支持后，蔡衍明很快就趁势推出了旺旺产品，并迅速占据了台湾米果市场老大的地位。而如今，旺旺食品更是成为家喻户晓的品牌。

蔡衍明的成功向我们说明：成功需要一种敢于他人先的胆识。这种胆识的获得归功于我们在实践中不断总结经验教训，找到自己的不足，并能通过学习不断提升自己、超越自己，如此，才能走出失败的阴影，突破眼前的障碍，做好十足的准备，从容迎接未来的挑战，尽情发挥自己的才能。

我们每个人走向成功的过程都如同一条奔腾不息、绵绵不绝的河流，永远不会停留在某一个地方、某一个阶段，也不能停留在某一个时刻、某一个状态，只有不断地前进、不断地超越，才能到达胜利的彼岸。而胆识正是促使我们实现这种超越、成就一切雄心壮志的资本！

关键时刻从容淡定，方可出现奇迹

在任何场合，尤其是危急时分，如果能够保持从容不迫、镇定自若的态度，那么，什么事情都能应付自如，什么奇迹都可能发生。

世事纷争，变幻莫测，我们若是整天陷在这无常的世事中无法自拔，便很容易迷失自我，浑浑噩噩，失去做人的价值和本性。谁愿意如此济济无名地了此一生呢？

人生在世的意义就在于争取到最大的自主权、拥有自己的主意和思想，其中最关键的正是练就镇定的处世态度。一个人如能够在大事中不糊涂、紧要关头不慌张，就能以变应变，随时准备好捕捉和发掘新机会，思考出应对的妙招，如愿脱困。

在汶川地震发生后，国务院总理温家宝在飞往四川地震灾区的专机上颇含深情地说："同胞们，同志们，在灾害面前，最重要的是镇定……"他告诉国人，在突如其来的特别重大地震灾害面前，广大人民群众一定要不慌不乱，沉着应战，以中国人民特有的智慧战胜这场地震灾害。

温总理指挥中央、国务院在一两小时内迅速做出重大部署，从地方党委领导急而不乱到基层组织群众正确避灾，从中央领导火速从北京赶往灾区到普通民众自救互救，从军队调兵遣将火速奔赴救灾第一线……所有这些，都显示出了中国人民在自然灾害面前所特有的镇定。

"在紧要关头面前，镇定尤为重要。镇定，考验各级党和政府应对突发情况的决策指挥，考验各级领导干部在灾害面前的能力水平，考验广大群众的心理素质和国民素质。这次地震波及大半个中国，地区范围之广，损害程度之大，是唐山大地震以来，中国最大的一次地震。"温总理说，"应对重大灾害，特别需要人民最大的'镇定'，需要各级党委、政府正确决策，科学指挥，把人民群众的生命财产损失降到最低。面对重大灾情，切不可乱了手脚，乱了阵脚，既要迅速全面、精确了解灾情，又要科学分析，合理分工，统筹计划，忙而不乱，以最快的速度投入抗震救灾中去。"

此外，温总理还强调"只有保持自身的镇定，各级领导干部才能坚持一切想着人民，一切为了人民，一切为人民的利益而工作，站在抗震救灾第一线，身先士卒，发扬不怕牺牲、不怕疲劳、连续作战的作风，头脑清醒地正确组织救援；只有保持自身的镇定，广大人民群众才能冷静应对失去亲人的沉痛，展现中国人特有的坚强，迅速开展自救，想方设法挽救更多人的性命；只有保持自身的镇定，才能实现全国人民大团结，不乱传播谣言，相信权威信息，遵守社会秩序，万

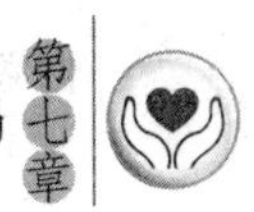

众一心，众志成城，团结一致，在大灾面前，展示中华民族的伟大力量！”

面对突如其来的特大地震灾难，温总理镇定自若。因为他懂得，不能慌，慌则无法思考应对的方法，如果他慌了，百姓们将会更没有主见，国家将遭遇更严重的损失。

在司马懿十五万大军压境的紧要关头，诸葛亮用他的镇定保住了所在的城池，挽救了士兵们的生命，成就了传颂千秋的佳话。

诸葛亮因错用马谡而失掉战略要地——街亭，司马懿乘势引大军十五万向诸葛亮所在的西城蜂拥而来。当时，诸葛亮身边没有大将，只有一班文官，所带领的五千军队，也有一半运粮草去了，只剩2500名老弱残兵在城里。

众人听到司马懿带兵前来的消息都大惊失色。在这紧要关头，诸葛亮登城楼观望后，对众人说：“请大家镇定，不要惊慌，我略用计策，便可教司马懿退兵。”于是，诸葛亮传令，把所有的旌旗都藏起来，士兵原地不动，如果有私自外出以及大声喧哗的，立即斩首。又叫士兵把四个城门打开，每个城门之上派20名士兵扮成百姓模样，洒水扫街。诸葛亮自己披上鹤氅，戴上高高的纶巾，领着两个小书童，带上一张琴，到城上望敌楼前凭栏坐下，燃起香，然后慢慢弹起琴来。司马懿的先头部队到达城下，见了这种气势，都不敢轻易入城，便急忙返回报告司马懿。

司马懿听后，笑着说：“这怎么可能呢？”于是便令三军停下，自己飞马前去观看。离城不远，他果然看见诸葛亮端坐在城楼上，笑容可掬，神态镇定，正在焚香弹琴。左面一个书童，手捧宝剑；右面也有一个书童，手里拿着拂尘。城门里外，20多个百姓模样的人在低头洒扫，旁若无人。

司马懿看后，疑惑不已，便来到中军，令后军充作前军，前军作后军撤退。他的二子司马昭说：“莫非是诸葛亮家中无兵，所以故意弄出这个样子来？父亲您为什么要退兵呢？”司马懿说：“诸葛亮一生谨慎，不曾冒险。现在城门大开，里面必有埋伏，我军如果进去，正好中了他们的计。还是快快撤退吧！”于是各路兵马都退了回去。诸葛亮就这样安然守住了城池。

在战争的紧急关头和敌强我弱的情况下，诸葛亮的镇定使司马懿疑中生疑，怕中埋伏，从而排解了这一危难。

诚然，镇定也不是生来就有的，一个镇定的人一定要经过诸多繁复纷纭的考验，才能够练成“金刚不坏之身”：不为外物所扰，不受环境所牵连，能够在纷纭中保持坚定不移的自我，从容对待名利地位和艰难处境。唯有如此，才能掌握自己的方向，百炼成钢，坚不可摧，干出一番事业来。

临危不惧展现强者风采

临危不惧源自个人内心的信念，是从容的大智大勇，是一种勇气支持下坚决的一往无前，展现着强者无畏的风采。

为了梦想一路追寻的过程中，所谓的一帆风顺注定只是无法实现的美好童话，我们总会遇到一些挫折和打击。如何面对未知的危险和磨难呢？是懦弱退缩还是临危不惧？毫无疑问，临危不惧是强者的选择。

临危不惧不是泼皮式的坚韧，而是像蝶一般，沉默许久之后，积蓄全身的力量破茧而出，将飞的梦想变成现实；不是逞匹夫之勇的叫嚣，而是如依米花一般，在经历了五个风吹雨打的严冬酷暑后，爆发了自己毕生的心血，将花的芬芳吐露无疑，留给世人惊艳一幕；不是有勇无谋的蛮干，而是如火凤凰一般，在经历了熊熊烈火的烤打炼造后，将不死鸟的神话延续下去……

临危不惧不是蛮干，而是在“明知山有虎，偏向虎山行”的勇气的鼓舞下，以沉着睿智的应变能力，寻找脱离逆境、争取成功的最佳途径。王健在面对突然闯入银行的歹徒时，正是凭借临危不惧的勇气和智慧，从容冷静地保护了客户的生命安全。

一天下午，在建行的一家营业厅内，王健正一如往常地为客户办理业务。他清楚地看到：大厅等候区里还有八位客户。突然，一名穿白色运动帽衫、戴大墨镜的男子背着黑色双肩背包走进了营业厅，径直走向正在办业务的女客户，猛然用左手勒住客户的颈部，右手掏出一把黑色手枪，枪口透过现金槽直指王

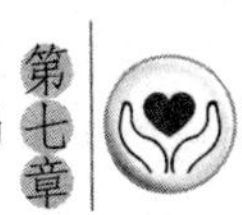

健，声音很低但语速极快："抢劫！快把钱拿出来！"正在专心办理业务的王健一抬头，看到的是女客户惊恐的表情和黑洞洞的枪口。

王健在建行工作已经三年多了，反恐演习参加了很多次，但真的与犯罪分子面对面还是第一次。"保护客户的生命安全是我们的首要任务，同时在尽可能不让歹徒察觉的情况下报警，这是多次反恐演习让我们形成的条件反射。"王健回忆起当时的场景时说了这样的话。王健迅速冷静下来，他将身体转向现金抽屉一侧，手上做出拿钱的动作，同时小声通知柜台里的其他同事："有人抢劫，赶快报警。"刹那间，"抢劫！报警！"已如同战斗的命令在柜台里迅速传达开来。

王健的同事按照反恐预警流程，躲到桌子下面，在歹徒视野的盲区迅速拨打 110 报警，柜台内其他柜员也在第一时间同时按动报警器，并迅速将柜台内的现金收入钱箱，撤到后台。随后，金融系统紧急报警网中，三部与该网点连接的警报器几乎同时响起——"银行！抢劫！十万火急！"此时，歹徒继续实施着犯罪，疯狂地用手枪顶住人质头部并将黑色双肩背包扔在柜台上，冲着王健大声喊道："不想让她死，就快把钱给我装包里。"

王健拉开抽屉说："别急！我给你拿钱，别伤害人质。"他先将小面额的票币摆到桌上，随后又分多次将其余现金逐一取出，尽量拖延时间。歹徒慢慢有所察觉，将一把刀子架在人质的脖子上，向柜台里大吼："快把那些整的给我！"王健仰头望去，视线越过歹徒的头顶，远远地看到大厅外闪烁的警灯。"警察来了！"王健心中暗想。他将剩下的钱递出窗口，以此分散歹徒的注意力，而此时，警察也及时赶到，制服了歹徒。至此，王健已经足足与歹徒周旋了 9 分钟。

面对突如其来的状况和丧心病狂的歹徒，王健的沉着冷静、临危不惧保全了人质的性命，也最大限度地减少了银行的损失。同样临危不惧、挽救人民于危难的还有抗震英雄任亚峰。在汶川地震的救援中，他所带连队英勇顽强，为抗震救灾做出突出贡献，被所在军区授予集体一等功。

接到上级参加抗震救灾命令后，任亚峰所在部队火速从驻地出发，到达重灾区青川县，是第一支到达青川的解放军部队。部队到达青川后，任亚峰便不顾长途乘车的疲劳和身患胃溃疡的病痛，立即组织全连官兵连夜抢运物资。

根据上级安排，任亚峰带领全连官兵冒着余震不断、山体滑坡、道路塌方的危险，穿越两面山体塌方的滚石区、树木横七竖八的丛林区，翻越高差2800余米的柿坪山，穿过6条1米多深的河流，深入“三乡一镇”执行抗震救灾任务。在三锅乡营救生还者期间，任亚峰临危不惧、身先士卒，不顾个人安危，第一个冲向倒塌的废墟，带领全连官兵勇敢顽强，在频频来临的余震中紧急展开救援。他们充分发扬连续作战的精神，上演了一场时间与速度、意志与体能的竞赛。在缺少相关营救器材的情况下，全连官兵用手挖、手抠，硬是从死神的手里抢救出了8名被掩埋在废墟里的群众。

得知三锅乡柿坪山上还有两位老人被困后，任亚峰便带人沿着泥泞弯曲的山路，冒着余震随时可能引发泥石流的危险，经过数小时的艰苦跋涉，终于在山顶找到了两位老人。在任亚峰组织官兵将两位老人往山下抬时，突然发生6.4级余震。霎时，地动山摇，任亚峰迅速组织战士围成人墙，将两位老人护在中间，并指挥大家紧急避险。

余震过后，他们踏着松软的沙石，小心翼翼地将两位老人安全送至山下。看到这一情景，当地群众无不动容，特意送来了书写着“情系人民显本色，临危不惧真英雄”的锦旗，并握着他的手连连感叹：“任连长，不简单啊！真不敢想象你们是怎样把老人从乱石堆里抬下山的啊！”

这就是强者的临危不惧、处变不惊，任亚峰正是以这样的情怀，挽救了无数人的生命，为他们创造了新生活的可能。

突如其来的危难对我们而言是一种难得的历练，所以不要害怕，鼓起勇气、拿出临危不惧的魄力去面对。只有这样，你才能不断地赶走恐惧、害怕、无助，不断地超越自我、挑战自我，唤醒自己那颗勇敢的心，逐渐在挑战中成长为从容的强者，奏响一曲属于你的奇迹之歌！

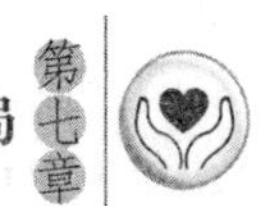

不受情绪影响,方能化险为夷

不论处境如何,我们都要坚信:不受情绪影响,才能挖掘出人的潜力,迎接命运的洗礼,散发出人性的光辉。

在生活中,不论是身处逆境之中抑或志得意满之时,凡事能坦然处之,不受情绪影响,会让人过得更从容。一个有深度、有城府的人,在任何时候都不会过于激动或被情绪所控制,而是,真正表现出自如的作风,给他人以诚信之感,让他人信服。

社会生存的法则就是“胜者为王,败者为寇”。但我们在社会生活中的机遇很多,一次遭遇危险、一次失手、一时落败,并不代表永远的失败。所以在面对暂时的落后、突如其来的危险时,我们不能埋怨世事不平,受情绪摆布,消极对待萎靡不振,而是要理性剖析,宽容看待,泰然处之,笑对人生。我们要清楚地认识到镇定自若是一种更强盛的动力,从容应对是一种更大的化险为夷的潜力。

一日凌晨,唐山市海上搜救中心响起急促的电话铃声。原来受到西伯利亚冷空气的影响,唐山海域出现狂风,大风和潮流叠加,在海面上掀起数米高的大浪。“伟联095”轮搁浅,船上有6人,船舱大量进水,情况危急,请求救助。搜救中心立即高速运转起来,搜救中心常务李副主任亲自到搜救中心坐镇指挥。

经过对遇险船舶的定位,中心决定协调“北海救196”轮前往救助,并联系北海救助飞行队。因条件所限,目前救助直升机不具备夜航能力。但“伟联095”的形势却相当危险,船体开始倾斜,大浪裹带泥沙从船上掠过,船舶随时都有倾覆的危险。六名船员一旦落水,瞬间就会被狂风恶浪吞没,险情恶化到非常严重的境况。

在这危难之中,李副主任号召大家稳定情绪,立即采取有效措施防止船舶倾覆,等待救援。“迅速联系北海救助局,再次请求直升机救援”,李副主任从容地下达了命令。此时正是天亮前最黑暗的时刻,也是六名船员兄弟的生命承受最艰难考验的时刻。“和遇险船员保持联系，稳定他们情绪，要求穿妥救生衣，采取保暖措施。”李局长继续下着命令。

终于，天亮了，但是风浪依然肆虐着，遇难船舶不断报告着最新险情，已经到了刻不容缓的地步。李副主任在不断稳定遇险船员情绪同时，再次请求北海救助局尽快派出直升机前往救助。不久，专业救助直升机从山东蓬莱起飞了。“联系难船，要求船长与直升机取得联系，集中全体船员，等待救助。”李副主任丝毫没有松懈，依然从容地下达指令。

当搜救中心收到“六名船员全部成功被救上飞机，已返回蓬莱基地”的消息时，李副主任才显现出一丝放松的神情，并诚挚感谢了所有参与救助的人员。

当危难来临时，像李副主任这种不受情绪影响的人，才能镇定自若地理智处理，寻求出最妥当、最完美的解决方案。

在人的一生中，41 个小时或许只是短短的一瞬，但对于解树林和他的 8 位工友而言，却是人生中最难忘、生死攸关的时光，解树林用他的稳定情绪挽救了大家的生命。

谢桥矿 8 名夜班工人正在等待接班。突然，从身后的巷道里传来“轰”的一声巨响，顿时粉尘弥漫。老工人解树林敏捷地赶到后面查看，当时的情景把他吓呆了：几米宽的巷道已经完全被冒落的煤岩堵实。原本上班走过的巷道成了横堵在眼前的一座“山”。他们与外部世界的唯一通道已经消失了。面对这一情景，解树林心头一紧。他知道，凭他们 8 个人的力量根本无法打开这座堵得严严实实的“山”，现在唯一要做的，就是稳定军心，等待救援。

稍一定神，他折身回来，冷静地告诉大家：“是冒顶了”。听了这话，在场的人全愣了。解树林看看身边的工友，其中有几个人和他一样是老煤矿工人了，遇事尚能镇静，再看看新人，却慌张不已。几位老工人很快达成共识：稳定情绪、保持体力、等待救援。

为稳定几名年轻工友的情绪，解树林宽慰地说：“现在正是夜班和早班交接班的时候，矿上很快就会发现冒顶，一定会尽快抢救我们！”这番话有效地缓解了年轻矿工的紧张情绪。后来一位年轻矿工回忆说：“老师傅的话，让我绷紧的弦很快平静下来，在随后的几十个小时里，我们一直很有信心，坚信一定会被安

全救出去的。”

此时，刚到达事故点外面、准备接班的谢桥矿掘进三队早班班长发现了巷道冒顶，马上汇报到矿调度。事故就是煤矿十万火急的命令，淮南矿业集团迅速启动抢险救援应急预案，集团公司领导立即赶赴井上井下指挥抢险，省委、省政府有关部门、省煤监局领导也很快赶到现场指导抢险。终于，在 41 个小时的紧张救援后，解树林和他的工友们重回了亲友的怀抱。

在危难关头，解树林所表现出的强烈的责任意识，冷静、不受情绪影响的素质，以及对企业的高度信任，凝聚了他们，也让年轻工友消除了恐惧，树立了战胜灾难的信心。解树林所做的一切为矿友们成功脱险、化险为夷奠定了基础！

在任何情况下，人都应该正确地对待自己所处的环境，以平稳的心态对待生活、对待工作。不受情绪影响的人之所以能成大器，是因为他们能用百折不挠的精神、坦然处事的态度面对一些突如其来的打击。尽管在这一过程中，也会有短暂的痛苦、愤怒和失望，但他们能适时地进行自我调整，控制住情绪，最终得以解除困惑，超越自我，使生命重新焕发光彩、闪耀七色光芒！

放下是进退之间的准确把握，适时进退方能获得大利益

从容意味着做人要有一种积极进取的心态，意味着对任何事情都不要轻言放弃，意味着善于规划才能准确把握事物发展进程。当繁杂事情消耗你的激情、快乐甚至健康时，你要学会在其中进退自如，给自己营造一份从容的生活，从各种困扰的情境中解脱出来。进退从容，取舍有道，我们才会拥有更精彩的成功。殊不知，放弃一片绿叶，我们或许就能得到整个春天，许多看似山穷水尽的地方，往往会蕴涵着柳暗花明的绝妙景致！

人无远虑，必有近忧

做事要想得长远一些，对事物应始终抱有忧患之心，切不可把事情想得过于美好而沉浸其中，否则，忧患就会不期而至。

子曰:“人无远虑，必有近忧”，这体现了一种强烈的忧患意识，但我们看到的更多是毫无忧患意识、目光短浅的深刻教训:如狗熊为了坑里的苹果纵身一跃，也许它想不到禁锢于此、无法动弹的痛苦;麻雀低头觅食而走进装满谷粒的网套，也许它想不到自己很快就将沦为桌上的美味;鱼儿得意地咬上钩上的美食，也许它想不到下一秒自己将丧失性命……

这些没有忧患意识的悲剧在人类历史上比比皆是，翻开史册，“螳螂捕蝉，黄雀在后”、“早知如此，何必当初”的感叹不绝于耳。李自成人亡政息的历史教训正是对此的最好诠释。

明崇祯三年，李自成揭竿而起，九年后自称闯王，率部活动于陕、甘、川一带。十一年，与明军战于潼关原，大败，率部败走商洛山中。走汉南，次年进入巴东。十三年夏，有一位名叫李岩的举人投奔到李自成麾下，向他建议:“欲取天下，以人心为本，请勿杀人，以收天下心。”

李自成采纳了他的建议，提出“均田免粮”、“平买平卖”、“不淫妇女”、“不杀无辜，不掠赀财”等口号，饥民从者数十万，兵势日益强盛。十四年克洛阳，杀福王朱常洵，开仓赈饥。十六年改襄阳为襄京，称新顺王，设内阁六府。十七年正月乘胜进占西安，定国号为大顺，年号永昌。

李自成的义军一路上“散财赈贫，发粟赈饥”，不到两个月，就从西安打到北京。大顺军入城时，李自成拔箭去簇，向后连发三矢，严令入城部队说:“军兵入城，有敢伤一人者斩”，并且贴出布告:“大师临城，秋毫勿犯，敢掠民财者，即磔之。”京城百姓在自家门口立香案、焚香、贴对联，热烈欢迎大顺军。这时的李自

成，这时的大顺军，很快就受到了百姓的由衷爱戴。

可惜好景不长，在过短的时期之内获得了过大的成功，这却使李自成部下如刘宗敏之流过分地得意了。李自成进京后的40天里，几十万大军驻屯京城，抢掠民财，尽情享乐，往昔严明的军纪，荡然无存。随后，李自成捉到吴三桂的父亲吴襄，要他给儿子写信劝其归降。吴三桂已经决定归降，但听说刘宗敏对吴襄绑票、抄家，还掠走了吴三桂的爱姬陈圆圆后，一怒之下，投降了清军，力量对比顿时发生了决定性的变化。

此后，在吴三桂与清兵的联合进攻下，李自成竟无还手之力，不久便遭伏击身亡，刚建立不久的大顺朝就这样迅速土崩瓦解了。

说起来，起义军首领们进京后被胜利冲昏头脑，李自成应该负主要责任，因为他没有“人无远虑，必有近忧”的忧患意识。对于时刻在关外窥伺的清军，以及镇守山海关的吴三桂率领的明军，李自成根本就没有重视，而是沉浸在夜郎自大的幻想中。

一个人如果没有一定的忧患意识，就难以预测风险、难以承担责任，因为我们生活的环境并不是处处歌舞升平、莺歌燕舞，时时阳光明媚、鸟语花香的，要知道平静的海面下一定有暗礁，温暖的阳光背后一定有乌云。陈天桥之所以有今天的地位和成就，也和他的忧患意识密切相关。在追逐互联网梦想的创业路上，拿下了“盛大”的“辽沈战役”最能体现陈天桥的这种精神。

陈天桥用50万元的启动资金，组建了“上海盛大网络发展有限公司”，创办了一个以动画、卡通为主的网站，并开辟了“天堂归谷”的虚拟社区。让陈天桥意想不到的是，在短短几个月中网站竟拥有了100万左右的注册用户，还收获了来自上市网站中华网的第一桶金——300万美元。但好景不长，2000年，互联网产业的寒冬袭来。

中华网与陈天桥分手，按股份只留给他30万美元，而“盛大”也在那个冬天跌入了“冰点”，被迫裁员节支。也许连陈天桥自己也没料到，韩国的网络游戏《传奇》为“盛大”带来了新一季的春风。那时，网络游戏在中国刚刚兴起，陈天桥从韩国公司Actoz处以当时的天价，拿下了《传奇》的海外代理权。在旁人看来，这无疑是赌博，但陈天桥知道他能凭此渡过危难。

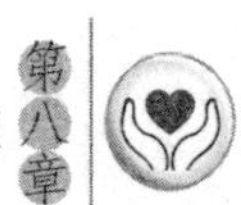

当陈天桥把当时最后的30万美元全部投进韩国公司的口袋后，他说："合同签完后，我就没钱了。"如履薄冰的陈天桥仰仗着智慧与强烈的忧患意识，闯出了生机。在《传奇》开始游戏测试的最初几个月里，陈天桥每天都投入大量时间做客户服务，在线回答客户提出的问题。一个月后，游戏同时在线的人数迅速突破40万大关，投资全部收回。

陈天桥胜利了，但当他刚以为自己安然度过了这场生死玄关时，危机又一次紧随而来。依照国内的网络游戏市场的模式，"盛大"只持有《传奇》的代理权，负责游戏的运营业务，至于市场销售，则由另一家公司负责。随着《传奇》出乎意料的火爆，"盛大"和这家公司的关系破裂，陈天桥开始意识到"盛大"的被动。于是，他把眼光投向了当时不被注意的网吧这一销售渠道。"盛大"相继与各地的网吧协会取得联系，许多城市的网吧成了"盛大"的合作伙伴。

另辟蹊径的"盛大"，坐上了中国网络游戏运营的头把交椅。几经坎坷，取得了这一场被陈天桥称作"'盛大'的辽沈战役"的胜利后，"盛大网络"从最初的动漫社区，蜕变成为一家网络游戏运营商。

谈到自己的创业时，陈天桥感言："忧患意识是一支清醒剂，'盛大'的开始是抓住了'机'，过程是解决'危'，而在危机的不断解决中，又创造了新的'机'，从而不断茁壮起来。"的确，远虑与近忧就是这样相伴相行的。唯有目光长远者才能在人生路上少走弯路，才能从容地面对各种危机。

对我们而言，"人无远虑，必有近忧"的忧患意识是我们的一种人生智慧、人生态度和处世方法。它源于我们对人生前景中不确定事物的焦虑感和紧迫感，而后迫使我们通过对未来、未知事物的预测来更加理性地把握自己的发展方向和道路，从而增强我们从容面对各种可能遭遇的困难或挫折的能力。

有一句哲言说：人的眼睛之所以长在前面就是为了让人向前看向远处看。这正说明："人无远虑，必有近忧"，放眼长远，我们才能谨慎地对待自己的前程，稳扎稳打地走好每一步，从容地制定自己的人生规划，尽收一切美景！

从容者高瞻远瞩，运筹帷幄

从容者有一种高瞻远瞩、运筹帷幄的视野，那是“会当凌绝顶，一览众山小”的精彩，是“天生我材必有用，千金散尽还复来”的自信。

古往今来，唯有高瞻远瞩、运筹帷幄者，才能拥有远见卓识，对自己所从事的事业做到全面掌控。在攻克项羽之后论功行赏时，萧何虽不曾奔赴前线，不曾浴血奋战，但却被刘邦封为头号功臣，这恰恰是他运筹帷幄的重要体现；秋风怒号，只有冷似铁的布衾的杜甫，却看到了天下寒士的艰苦，“安得广厦千万间”的理想成就了这位爱国诗人的无悔生命；岳阳大关，范仲淹望穿美景，怀着“宠辱皆忘”的胸襟，看透自己，融入祖国，发出“先天下之忧而忧，后天下之乐而乐”的感叹。

高瞻远瞩、运筹帷幄，这便是从容者的视野。唯有如此，我们才能够在自己的领域里得心应手，游刃有余；对各种细节了如指掌，百战不殆；面对未来的局势，洞若观火，了然于胸。三国时曹操能大破关中军正得益于他运筹帷幄的军事指挥。

建安十六年，以骁将马超、韩遂为首的十部联军，聚集十余万人马，据守潼关抗曹。曹操高瞻远瞩，运筹帷幄，于是八月，亲统大军进抵潼关，两军夹关对峙。为诱使关中军集中于潼关，造成河西空虚，曹操率兵从正面佯攻潼关，同时令将军徐晃、朱灵率4000精兵，从蒲坂津乘虚渡过黄河，建立了桥头阵地。闰八月，曹军从此渡河，曹操自领卫队百余人断后，马超率步骑兵万余人追击而来，曹军处境十分危急。曹操部下校尉丁斐放出大批牛马，马超军争相取马，曹操遂在卫将许褚掩护下渡过黄河。尔后沿河岸立栅，为甬道南进。马超退守渭口。

待到九月，西北气候已相当寒冷，曹操用娄圭之谋，夜渡渭水，聚沙灌水，一夜之间冻冰为垒，架起浮桥，曹军全部渡至渭南。曹操料马超必来夜袭攻营，于是预设埋伏，击败马超军。马超受挫，提出划河为界的议和条件，被曹操拒绝。马

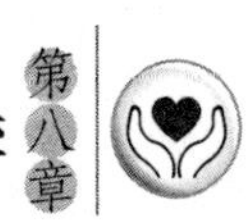

超多次前来挑战，曹操坚守不出，使马超欲急战速胜不得，再次提出划地为界的要求。这时，曹操采纳谋士贾诩的计谋，表面上假意应允，麻痹对方，实际积极准备，伺机歼敌。曹操利用过去与韩遂的友谊，故意在两军阵前和他叙旧；又故意涂改给韩遂的书信，使之落到马超手里，引起马超的疑忌，促使他们内部矛盾激化。

曹操视时机成熟，主动对关中军发起进攻。先以轻装骑兵向马超挑战，以机动战法与之周旋，俟其疲惫，将马超等诱入伏击地域，然后出动精锐重装骑兵由两翼夹击，遂大破关中军，斩成宜、李堪等。马超、韩遂逃往凉州。

在这场战争中，曹操采纳贾诩的建议，运筹帷幄，亲自上演了离间马超、韩遂的精彩戏码。如若没有此离间之计，在两军最后决战时，曹军要想从容地击溃联军还是非常困难的。

优秀的管理人才也能够运筹帷幄，从容带领团队突破自身，开创事业上的又一片天空。明巍正是这样一位从容的管理人才。

技术出身的明巍在参加了互联网培训班后，当即决定“就做互联网买卖”。随后，他注册了自己的公司。为了让用户了解互联网，明巍做了一个大胆的尝试，主动与数据通信局合作，在外国人、白领聚集区建立一个 Internet 电子咖啡屋。

没想到这个想法立即引起了轰动，10 多台上网电脑被前来试用的中外用户围得水泄不通。有的用户通过互联网与远在国外的朋友取得联系，有即将出国的大学生通过互联网向美国大学发入学申请…… 技术出身的明巍打了一张绝妙的营销牌。就这样，在办公室运筹帷幄的明巍声名鹊起。

就在明巍享受着成功的喜悦，抖擞精神准备下一轮冲刺时，互联网泡沫开始破灭了，倒闭的网络公司不计其数。整个市场大环境的变化让明巍不得不重新思索公司的发展方向。明巍决定全力扭转公司困局，几个月的时间里他一直在思索一个问题：究竟怎样才能建立企业的核心竞争力？

思考后，明巍意识到，公司虽然一直在做互联网相关业务，但是一直没有一个可持续发展的支柱业务。在对市场需求进行了认真分析后，明巍率领他的团队推出了自己的门户及内容管理软件，正式把企业的定位确定为专业的门户及内容管理软件供应商。从此以后，公司开始迈入稳健的上升之路。商海多年的奋斗，明巍画出了一个运筹帷幄、潇洒从容的事业之图，让自己变成了一个成熟睿智的企业家。

当明巍谈起对于这些年的感悟时，他沉思片刻，非常真诚地说："一切失败和伤痛都是成长的必然，坚持，不放弃，运筹帷幄，一切难关都可以过去。公司如果要继续稳健地走下去，关键就在管理方面，我们要靠积极的企业文化和运筹帷幄的管理来让公司越来越强。如今，我已经确定了更为长期的发展目标，我相信，有目标，才能运筹帷幄，才能从容地在商海驰骋，不惧怕任何外界的变化和考验，成为真正的强者。"

将高瞻远瞩、运筹帷幄看得至关重要的明巍真的在公司管理中做到了"运筹帷幄"，并且能从容地带领下属，开创企业发展的良好局面。

高瞻远瞩、运筹帷幄是眺望远方人生美景的望远镜。陶渊明"采菊东篱下，悠然见南山"，静静体味车马喧闹之外的宁静；陆羽静泡香茗，不仅成为后人称颂的一代茶圣，更拼出了那远离尘嚣的淡泊与沉稳；王维竹林弹琴，高雅琴声渲染出了他"君问穷通理，渔歌入浦深"的恬然心境……唯其如此，我们才能放下自己，在浮躁的尘世中从容地遵从自己的内心深处，找到自己最渴望的生活。

在现代这个百卉含英的时代，我们更需要高瞻远瞩、运筹帷幄，如此，我们才能摆脱平庸，不被俗事羁绊，从容地展现自己的智慧。也许今天我们只能收获一片树叶，明天也只能收获一棵小草，但十年、二十年后呢？如果你坚信自己在未来能收获一树的新绿、一山的青葱，那么你必能从容地制定战略，成为最终的胜利者，完成你心中勾画的蓝图！

放下杂乱无章，有计划人生才更从容

每个人的生活都是由自己做主的，做好自己的计划，再努力地实行，渐渐你就会发现生活越来越从容、轻松而充实。

古语云"凡事预则立，不预则废"，即做事情有计划，则容易成功；如若没有

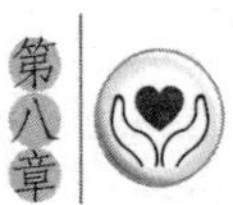

计划，就容易失败。没有计划地做事如同没有方向感的生活，你永远不知道自己想做的是什么，只会为工作、生活疲于奔命，整天忙个不停，没完没了，整个人绷得紧紧的，一刻也不能放松。

事实上，做事善于计划对于一个人来说，不仅是一种做事的习惯，更重要的是反映了他的做事、做人的态度。纵观那些成功人士，都是善于计划自己人生的高手。他们知道自己要达成哪些目标，并会拟订达成的先后顺序，及如何达成的详细计划。美国历史上伟大的人物富兰克林甚至为如何做人都列有计划，他也正是参照这一计划，一步一步成长为伟大的政治家，堪称“美国人的象征”。

富兰克林小时候家里生活很穷苦，没有条件接受多少教育，但他自幼酷爱读书，并自己偷偷练习写作。12 岁前富兰克林在父亲的店铺干活，之后在他哥哥所开的印刷所当学徒，几年后，他就只身偷偷搭船去三百英里以外的纽约开始了自己独立奋斗的历史。

富兰克林回忆童年时说：“小时候，父亲曾无数次告诉我们所罗门的一句格言：‘如果一个人能够兢兢业业做事，他不会停留在普通人面前，而将被允许站到君主们的面前。’由此我相信，获得名利的手段唯有一个，那就是勤劳。我所做的一切都受这种思想的影响。”可见，富兰克林在童年就重视自身的道德修养，到他 22 岁的时候，他更是为自己制订了“一个可以使自己道德完善的大胆而艰巨的计划”。

富兰克林在计划中列举出了当时他所认为值得和必须做到的十三种德行，并且在每一个计划下面又加了一句简洁的戒条，清楚表明他对全部条目的应用范围：一、节制：食不可饱，饮不可醉。二、少言：言必有益，避免闲聊。三、秩序：物归其所，事定期限。四、决心：当做必做，持之以恒。五、节俭：当花费才花费，不可浪费。六、勤勉：珍惜光阴，做有用的事。七、坦诚：真诚待人，言行一致。八、公正：害人之事不可做，利人之事多履行。九、中庸：不走极端，容忍为上。十、整洁：衣着整洁，居室干净。十一、镇定：临危不乱，处乱不惊。十二、节欲：少行房事，爱惜身体，延年益智。十三、谦逊：以耶稣、苏格拉底为范。

富兰克林认为自己一生之所以总有幸运，事业能够成功，受到民众的拥戴，全赖这一修身计划的行动指南。“希望我的子孙们能够明白，一直到我目前写此书为止，我的一生之中总有幸运伴随我的左右。而这全赖于我的这一行动指南。”

从自己的这个计划中获得了益处的富兰克林，对此评价很高，此外，他还订了一个小册子，按每种德行和实行时间列成表，然后，每天反省，确保自己按计划执行。“在此我要持之以恒。如果上天有灵，命运会喜欢美好的德行，而幸运必定伴随他始终。”富兰克林如是说。

在事业、人生上获得成功的人往往在行动之前，就已经做好了详细的行动计划，安排好了一切所需的事物。鲁冠球就是这样率领万向集团一步一步成为中国第一个为美国通用汽车公司提供零部件的 OEM 企业。

当鲁冠球的“钱潮牌”万向节取得国内市场的大成功后，鲁冠球并没有满足，他说：“单是会赚本国的钱，不算什么本领，有本领，就要去占领国际市场，赚外国人口袋里的钱。”鲁冠球抓住质量、价格，以优质低价，想把“钱潮牌”万向节产品打进国际市场。为此，鲁冠球到处搜集国外万向节的市场信息，寻找一切机会，让“钱潮牌”万向节在外国人面前露面，广交会、泰国评选会，大的小的交易会都参加，200 套、300 套等小批量都卖。

国际市场竞争是激烈的。鲁冠球和全厂职工憋着一口气，齐心协力开发出 60 多个新产品，凭自己的实力打开了日本、意大利、法国、澳大利亚、前西德、香港等 18 个国家和地区的市场。不仅是万向的产品在国际市场上占有了一席之地，万向人在国际市场这个大“课堂”里，也学会了如何提高服务意识和自身素质，同时也使鲁冠球认识到企业要在国际市场站稳脚跟，在竞争中取胜，就必须让企业走出去，在国外设立自己的公司。

设立海外公司的地点选择在美国。鲁冠球认为，一则美国是世界经济强国，其市场辐射面广，只有取胜美国，方能取胜全球；二则美国拥有通用、福特、克来斯勒等代表世界汽车工业发展方向的最大型国际公司，万向的产品要得到国际市场的认可，必须要进入最高领域。经过多方努力，1994 年，万向美国公司在美国注册成立。这时鲁冠球为万向美国公司订了三大计划：第一在美国树立万向的形象，把产品打入通用、福特、克莱斯勒等主机配套的领域；第二搜集市场信息，及时反馈给集团，以拓展新的领域；第三优化组合国际资源，尤其是要

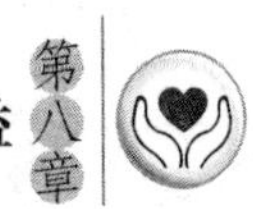

让国际资本为我所用。

经过这么多年的不懈努力，这三大计划最后都得到了实现。鲁冠球带领万向集团终于叩开了通用公司之门，为其走向世界迈出了坚实而有力的一步。

谈到制订计划的重要性，鲁冠球说："一个人就是一个产业。像我们万向美国公司做什么都有严密的计划，下一步做什么，下个月做什么，明年做什么，5 年之后做什么，一看计划就知道了。人也是一样，做事有想法、有意念后，逐一制订计划，据此一步步从容而坚定地执行，方能成功。"

不积跬步，无以至千里；不积小流，无以成江海。为使我们的人生在预定的轨道上前进，我们必须计划好每一天。在新一天来临之际，把自己应如何度过这 24 小时详细地计划一遍，全天的计划能将我们的注意力集中在"当下"，如此，我们才能发挥自己的最佳能力，脚踏实地地描绘精彩的"未来"！

进退得宜显从容

一时的后退是为了更长远的进步，是为了更广阔的拥有。我们只有进退得宜，才能真正获得心灵的自由与从容。

一个成熟人士应拥有怎样的从容呢？只知获取和收受的人看起来从容，但这样的从容只是小从容，因为他们关心的只是眼前的得失，而不懂得长远发展，更不懂得知进退才能有所斩获。

只有知进退，才有机会获得；只有进退得宜，才能实现进步。"退一步海阔天空"说的便是有退才有进的人生道理。在人生的旅途中，只有懂得这个道理，并清楚如何用这样的道理来指引自己，才能从容地度过一生。

无论是在工作中，还是在生活中，当我们发现前方的道路一片渺茫时，不妨后退一步，直至能清楚地看到前行的道路，并且能从容而勇敢地沿着道路不断迈进。邵逸夫正是在进退间从容地带领邵氏电影走向国际。

邵氏电影首次在影展获奖是1958年的《貂蝉》，当时邵逸夫初到香港，他不但注重提升制作水准，更全力策划影片发行及宣传推广，参加影展则是塑造品牌、传播美誉、增加卖埠的最佳手段。亚洲影展一度成为邵氏、国泰争强斗胜的战场，后来因国泰老板参加金马影展时坠机身亡，国泰影业制作自此一蹶不振，邵氏遂独领风骚。

除了继续在亚洲影展称霸，邵逸夫亦积极进取，谋求东南亚之外的荣誉，譬如参展欧洲三大电影节。但是，因为邵氏参加国际影展的影片皆为展示中国传统文化韵味的古装片，欧美影人观众却认为日本电影更具东方色彩，更愿意把影展大奖颁给黑泽明、小津安二郎之流，相比之下，当年的邵氏或香港电影真的很难出头，若说影展扬威，真的仅限东南亚。

在发动影展攻势失利之后，邵逸夫急流勇退，选择了另一策略——加强业务合作，联合摄制跨国电影，希望先通过合拍的形式进军国外。提起邵氏影片风靡欧美的成功案例，很多影迷都会想起《天下第一拳》曾跻身当年北美十大卖座影片。另外，邵逸夫曾与美国电影公司合作，投资拍摄《银翼杀手》、《地球浩劫》等好莱坞巨片，还代理不少西方影片在亚洲地区的发行和市场推广，进军国际市场的步伐也算雄健。

邵逸夫的从容之处在于他不仅懂电影，且进退得宜，重视中国传统。回首百年，邵氏家族能在影视业领域独领风骚半个世纪，绝非侥幸。

进退得宜，彰显从容和智慧，退却不一定是懦夫的行为，它往往需要更大的勇气和决心；进退得宜，方能明得失，知好歹，学会进退间的取舍，是一种理性与睿智，也是一种清醒与从容。

吴仪是共和国历史上第三位女副总理，三度位列美国《福布斯》世界百强女性风云榜前三名，在十一届全国人大一次会议上宣布正式卸任，淡出政治舞台。她凭借一身正气和睿智，干出了一番令人民满意的业绩，而这些业绩都是在风口浪尖上获得的。无论是担纲中美贸易谈判，还是带领医务人员抗击“非典”，无论是深入农村考察，还是倾听基层代表发言，她都是那么从容不迫，锐意进取，亲民爱民。

在一次考察血吸虫病防治情况时，吴仪刚下到基层就被官员们围住，前呼

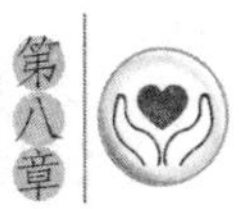

后拥的。心里装着老百姓的吴仪见状高声喊道："干部们给我退下去，农民朋友们走上来。"这是一个多么感人的声音和举动，与人民的鱼水深情溢于言表。

2007 年 12 月 24 日，吴仪在北京出席中国国际商会第一次全体会议时，中国贸促会会长邀请其退休后担任该会名誉会长。吴仪双手抱拳，深深施礼："我将在明年'两会'后完全退休。我这个退休叫'裸退'，在我给中央的报告中明确表态，无论是官方的、半官方的，还是群众性团体，都不再担任任何职务，希望你们完全把我忘记！"多么精彩的"裸退"宣言，多么发人深省的退休告白，多么让人铭刻的心声。在当今官场，相当多的人嘴上说退休，心里却还盘算着如何再谋取一份"利益在先"的"官职"，哪怕是"顾问"、"会长"、"董事长"甚至是名义职衔也不嫌弃的情况下，吴仪"裸退"，为进退得宜提供了典范，实在难能可贵。

进退得宜，需要智慧，需要勇气，更需要大气。吴仪的"裸退"无疑是开了先河，也给那些将要退休或者已经退休的官员们上了一堂生动的教育课——求进取，想当官，就要忠实地履行职责，为人民贡献智慧和力量；欲退去，就要回到老百姓中间，不要再恋权、恋位、恋利，免得有腐败之嫌。

吴仪的从容、大气、进退得宜，堪称为官之人的楷模。吴仪"裸退"了，但是，她的业绩、她的精神、她的声音、她的从容将会继续教育人、鼓舞人、塑造人。

王安石的《雨过偶书》说："谁似浮云知进退，才成霖雨便归山"。要知进退，便要像浮云一样：人们需要雨的时候，便降下甘霖；下过雨后，就立即归山。人也是如此，进退得宜在于对自己和形势的清醒认识，进是对机遇的准确把握，趋利而动，是一种积极的进取精神；退是对客观条件的清楚认识，避害而行，是一种理性的选择。

我们每一个人，从幼稚到成熟都需要一个蜕变的过程，如同蚕蛹要完全蜕去身上厚重的躯壳才能成为振翅高飞、绚丽迷人的花蝴蝶。如果蚕蛹舍不得放弃身上的厚壳，那就不会有后来的绚丽和自由。同样，如果我们不懂得舍弃与退步，那么只能禁锢于眼前的利益，寸步难行，只有进退得宜，我们才能赢得最终的幸福和成功！

自在思考，不受思维定式束缚

拥有不同的思维方式，突破常规，另辟蹊径，这是成功者的特质之一。

在繁忙的工作和生活中，我们每个人都可能在处理事情的时候遇到思维阻碍。受限于以前的经验，我们的大脑处于思维定式的控制之下，往往很难对事物做出正确的判断、给予正确的评价、采取妥善的行为。但要追求那份进退得当的从容，我们就要摆脱思维定式的束缚。

心理学家说，一个人受思维定式的影响，当同类事情再发生时，思考力和判断力会受到很大的干扰，因此，时常刷新自己的大脑，接受更多、更新的知识，让它不受思维定式的束缚，是我们取得成就的有利因素。

有这样一个测试题，说明了思维定式对大脑的束缚，它会影响我们的判断能力。

一天，在一座茶馆里，一个公安局长正在与一位老头下棋。正下到难分难解之时，跑来一个小孩，小孩着急地对公安局长说：

“别下了，出事情了，你爸爸和我爸爸吵起来了！”

“这孩子是你的什么人？”老头问。

公安局长答道：“是我的儿子。”

请问：两个吵架的人与这位公安局长是什么关系？

这不是一道生活题，考察你对亲属关系的识别能力，这是一道思维考察题。据有关公司调查得知，能在短时间内给出正确答案的人寥寥无几。这道题的关键在于，这位公安局长是位女士，如果你能摆脱公安局长是男性的思维定式，解答这道题不是难事。你得出正确的答案了吗？

思维定式是指人的心理活动的一种准备状态，这种准备状态影响着解决问题的倾向性。定式思维是指人用某种固定的思维模式去分析问题和解决问题，这种固定的模式是已知的，事先有所准备的。

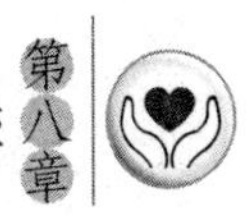

从不同的角度看待，思维定式既有好的一面，也有副作用的一面。思维定式的好处在于，人们在处理日常事物、一般情况、惯例性事务的时候，能够驾轻就熟，得心应手；它的弊端在于，当我们面临新情况新问题需要开拓创新的时候，它就变成了思维枷锁。

卡迪斯在一家有名的大公司担任总裁的职务。有一次，他们全家出去旅游，在旅途中，他们的孩子被绑架了，绑匪要求他支付 200 万美元来换回孩子。

夫妻二人再三考虑，还是决定报警求助。而不幸的是，歹徒好像洞悉了警方的侦查手法，对于警方的行动了如指掌，因此警方始终无法救出卡迪斯的小孩。经过几天的熬夜，卡迪斯夫妻决定答应歹徒的要求，交付 200 万美金，让他们的小孩能安全归来。

电视里正在报道着他的小孩被绑架的新闻，还分析说："从过去的记录来看，在这类案子中，即使歹徒得到了赎金，人质安全回来的几率还是很小。"

这时，担心而焦虑的卡迪斯突然想到："既然这样，我何不把这笔赎金变成赏金，让全市的人来帮我救小孩，重赏之下必有勇夫，也许我的小孩获救的机会更大些。"

打定主意之后，卡迪斯就直奔电视台。他利用新闻快报的时间，在电视上公开向大众宣布他的小孩被绑架的事实，他希望大家能帮忙救出他的小孩。说罢，卡迪斯就把 200 万美元全部倒在主播台上，然后对大家说：

"只要谁能帮我救出小孩，这 200 万的赎金就变成为悬赏的奖金！"

卡迪斯这一举动，大大出乎众人意料之外，尤其是绑架卡迪斯小孩的歹徒，他们看了卡迪斯把赎金变成赏金的报道后，更是不知所措。

有的歹徒认为："卡迪斯现在把赎金变赏金，不如把小孩送回去，并假装是救出小孩的英雄，一样可以拿到 200 万的赏金。"

而歹徒的首领却坚决反对把小孩送回去。

这样一来，本来行动一致的歹徒，因为意见不一且互不退让，最终起了内讧，互相残杀。他们的内斗惊动了附近的邻居，有人报了警。

警方发现这些歹徒竟是犯下绑架案的绑匪，于是将他们绳之于法，并幸运地救出了小孩。

当小孩被绑架后，求得警察的援助，或者是老老实实地交付赎金，这是父母通常的选择。在大众的观念里，从没有意识到可以把赎金变成赏金，以此来激励他人，帮助自己解救孩子。也正是突破了思维定式的束缚，卡迪斯的孩子才能平安归来。

法国生物学家贝尔纳说："妨碍人们学习的最大障碍，并不是未知的东西，而是已知的东西。"这句话恰当地阐明了固定的思维模式和已有的思维定式对一个人的束缚。勇于打破思维定式，找到更多、更好的人生解法的人，他们的人生必然丰富多彩，绚烂纷呈。

拥有不同的思维方式，突破常规，另辟蹊径，也是我们从容做事的关键因素之一。其实，我们身上的许多"枷锁"都是自设的，只要我们主动去投资自己的大脑，更新自己的观念，同时发现这些"枷锁"，并且有意识地去打破它们，这些思维"枷锁"是可以克服的。我们完全有能力控制自己的生活，活出自己的精彩。勇于行动，开阔眼界，在不断突破思维定式中学习新的知识、理念，你会看到自己刚刚走过的脚印越来越深。

做事分清轻重缓急，提升效率

任何事情都有轻重缓急、主次之分，如果不分主次地做事，就会浪费时间、事倍功半。所以，首先我们要将全部精力集中在主要工作上，从容地将其做到最好。

凡在事业上取得非凡成绩的人，他们的办事效率都相当出色，因为他们清楚任何工作都有主次之分，他们能够在工作之前先分清轻重缓急，再从容而高效地完成其中至关重要的部分。

生活在我们这个变幻莫测的时代里，几乎每个人每天都有看似忙不完的事情，每个人都在抱怨时间不够用。这时，我们就要从全局出发，将事情分出轻重

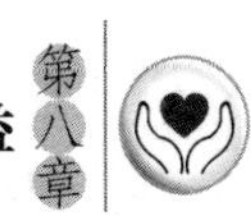

缓急，将大目标分成若干个小目标，做事时先考虑优先顺序，并坚持“先做重要的事”的习惯，在关键事情、重要工作上集中全部精力，将其做到最好。久而久之，你的工作就会变得井井有条，卓有成效。

反之，你就会觉得琐事多如牛毛，工作乱得一塌糊涂。丽芬就是因为分不清工作的轻重缓急，从而导致她在电台的工作杂乱无章。

丽芬是一家电台的执行制作，每到节目开始录制时，都能看见她蓬头乱发地在化妆间里冲进冲出，一会儿急急忙忙地拿份资料跑去影印，一会儿又到工程部看其他节目的录像情形，一会儿又像大梦初醒般地端了几杯茶进来给“特别来宾”喝。等好不容易拿到“热得冒火”的节目行程表及内容大纲时，离上场时间只剩下几十分钟了，于是在场每个人都只能集中精力，努力看稿。

主持人一边看稿还一边不放心地问丽芬：“布景准备好了吗?”没想到丽芬竟然喘了一口气后回答：“正在组合中。”接下来的景象可想而知，又是丽芬一个人跑来跑去，乱成一团。

每当月末开会总结时候，几乎所有的主持人都表示不愿意和丽芬这种“无头苍蝇型”的人一起工作，因为她完全分不清楚事情的轻重缓急，做事毫无逻辑。

看吧，这就是分不清轻重缓急的人的工作状态，丽芬的“忙忙乱乱”不仅影响了自己的工作，而且还耽误了整个节目的录制流程，可谓“危害深远”。

的确，常常使我们晕头转向的并不是繁重的工作，而是我们没有搞清楚自己的工作量，没法从容地设定顺序，一件一件地完成工作。那么如何找准轻重缓急，分清主次呢？我们不妨先寻找到工作中的“大石头”。

一位时间管理学教授某天为一群商学院学生讲课。他在现场做了一个实验，给学生们留下了一生难以磨灭的印象。站在那些高智商高学历的学生前面，他说：“我们来做个小测验”，于是，他拿出一个广口瓶放在面前的桌上。

随后，教授取出一堆拳头大小的石块，仔细地一块块放进玻璃瓶里。直到石块高出瓶口，再也放不下了，他问道：“瓶子满了吗?”所有学生应道：“满了”。时间管理学教授反问：“真的?”他伸手从桌下拿出一桶砾石，倒了一些进去，并敲击玻璃瓶壁使砾石填满下面石块的间隙。

“现在瓶子满了吗?”教授第二次问道。这一次学生有些明白了,“可能还没有”,一位学生应道。“很好!”教授说。他伸手从桌下拿出一桶沙子,开始慢慢倒进玻璃瓶。沙子填满了石块和砾石的所有间隙。他又一次问学生:“瓶子满了吗?”“没满!”学生们大声说。他再一次说:“很好。”然后他拿过一壶水倒进玻璃瓶直到水面与瓶口平。

实验结束后,教授抬头看着学生,问道:“这个例子说明什么?”一个心急的学生举手发言:“它告诉我们:无论你的时间表多么紧凑,如果你确实努力,你可以做更多的事!”。“不!”,时间管理专家说,“那不是它真正的意思。这个例子告诉我们:如果你不是先放大石块,那你就再也无法把它放进去了。切记先处理这些‘大石块’。否则,你就会终身错过了。”顿时,全部学生被教授的一番话语点醒,明白了其中的深意。

我们工作中的大事,其实就像广口瓶中的大石块,是应该被放到首要位置优先处理的,这样我们的工作才能忙而不乱,得心应手。若林正是在找准了“大石头”之后,才能自如地应付班主任工作。

若林初担任班主任工作时,时常出现手忙脚乱的现象,即使是早早地来到学校或者晚点回家,忙乱现象仍然存在。看着同事们有条不紊地工作着,若林不由反思:我为什么总是出现忙乱现象,是什么造成这一现状的呢?

于是若林就向同事们请教并观察他们的工作方式。在同事的指点和提醒中若林发现她在开始工作的时候总是没有计划,分不清轻重缓急,手头碰到什么事情就做什么事情,学校要求做什么事情就去做什么事情,如果临时出现加紧事件,就完全找不到头绪了。

找到原因后,若林在工作中就特别注意这方面。在学期结束后若林会及时地总结班级出现的问题,预定出下学期目标,此外,她还为自己准备了一个班务记录本,将发现的问题、近期需做的、固定时间做的和可迟缓完成的记录下来并进行归类,按轻重缓急合理分配完成时间,还预定出达成目标的步骤和方法,完成后再及时总结以寻求日后的改善措施。

分清了轻重缓急,若林心中就有了数,开展工作就有了思路,一切事务处理起来自然灵活自如,而她的心态也随之从容了不少。

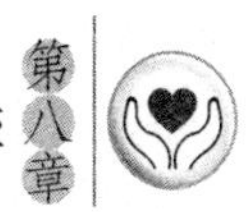

对于若林来说,精力总是有限的,如果做事分不清主次,也许忙得昏天黑地,也做不出什么成效;相反,当她把有限的精力放在重要的事情上,不被那些看似紧急的、琐碎的、次要的事情迷失双眼,事半功倍的工作效率便不在话下。

所以,我们在做事时,不论事情有多烦琐,一定要分清轻重缓急,明白自己工作中哪些是最重要的、哪些是最值得在乎的,并坚定地把最重要的事放在首位,全情投入,设法排除干扰前进的次要事情,这样才能从容地展开工作,并取得事半功倍的良好成效。

放下三分钟热度,贵在坚持

“不积跬步,无以至千里”,脚踏实地、一步一步前进永远是成功之曲的基调。

成功的奖赏往往在追求理想之路的终点,一旦你认准了自己的理想,就要坚持不懈地走下去。也许你并不知道要走多久才能听到胜利的号角,抵达梦想中的伊甸园,但若有循序渐进、锲而不舍的意志就能从容地战胜一切!

通往成功的道路是漫长而艰辛的,想一蹴而就、一锹挖个井、一口气吃个胖子是行不通的,欲速则不达。或许当你走到第一千步的时候失败了,但不要放弃,可能成功就在前方的拐角处,你只需再努力向前跨进一小步就能看到了。若这一步没有用,也不要轻易妥协,再往前一步一步试试看,成功总会在某个角落等着你,只要你坚持每次进步一点点,循序渐进,实现梦想就不会是难于登天。分众传媒的创始人江南春为了实现自己的理想,整整奋斗了 17 年,这一路,磨难何其多,但他最终坚持下来了,他坚信只要每天进步一点点,就能从容地笑到最后!

江南春的事业起点可以追溯到 1994 年。当时还是学生的他凭借着港资永怡集团的 100 万元资金,注册了永怡传播公司并出任总经理,但由于自己资金尚不足的原因，当时江南春只能拥有永怡公司的管理权。

从那时起，为了早日实现让永怡传播公司改姓“江”，江南春只能拼了命地赚钱，他想一步一步地通过“还款”或“购买股份”的方式将永怡传播真正纳入到自己的名下。凭借着淮海路灯光改造工程、无锡亮灯工程这两宗大业务，江南春在两年不到的时间里迅速拥有了第一个 50 万，永怡传播也终于如愿以偿地收归名下。当时，江南春不满 22 岁。

拥有了真正属于自己的传播公司后，江南春又悟出“整合资源”比“个人才华”更重要的道理，于是，他开始了一步一步地财富积聚过程。1995 年年底，永怡传播和世界著名的 IT 出版集团 IDG 通过协议进行合作，凭借着 IDG 在中国投资的众多 IT 媒体及永怡传播在上海积累的大量 IT 客户，短时间之内，永怡传播就成为上海 IT 领域最大的广告代理商。到了 1998 年，永怡传播的营业额已高达 7000 万元。

之后，永怡传播的业务就开始呈几何倍数地增长，很快营业额就突破了 1.5 个亿，被权威媒体评为“中国十大广告公司”。但这段能够满足江南春“虚荣心”的经历，同时也让他承受着常人无法想象的痛苦：每天只睡 4 个小时，常常需要自己动手做 150 页的 PPT，然后精神抖擞地向陌生人滔滔不绝地讲上 4 小时；或者，哪怕忙到早上 6 点钟，也要搭乘最早的航班飞往另一城市。他的一位大学同学曾经说过：“我不羡慕江南春，他能做到的很多事情我都做不到，但如果你知道他劳累的程度，那你就知道他是怎样一步一步循序渐进地为成功奋斗的。”

2006 年，江南春所创建的分众传媒在纳斯达克的市值已经超过网易，达到了 30 多亿美元，为当时纳市第一股，而江南春本人坐拥超过 4.2 亿美元的财富。

作为新崛起的巨额财富拥有者，江南春在谈到自己的创业经历时说：“我并不比别人聪明，我只是比别人更努力一点，把所有的时间用来朝前奔跑，坚持一步一步地实现目标，而这一点，能让我从容地展开我的梦想，是我完成每一件事情、慢慢从容地走向成功的最主要的组成部分。”

仔细观察，你就会发现成功是一个循序渐进的过程，自有它的轨迹，突变是鲜有发生的，所以我们要抛弃一切急功近利的念头，脚踏实地地、一步一个脚印

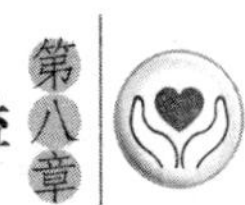

地虚心向前。有一个寓言故事讲述的正是这个道理。

一天，一位青年人充满烦恼的去找一位智者。原来，他大学毕业后，曾豪情万丈地为自己树立了许多目标，可是几年下来依然一事无成。他找到智者时，智者正在河边小屋里读书。

听完青年人的倾诉，智者微微一笑，对他说："来，你先帮我烧壶开水！"青年人看见墙角放着一把极大的水壶，旁边是一个小火灶，可是没发现柴火，于是便出去找。他在外面拾了一些枯枝回来，装满一壶水，放在灶台上，在灶内放了一些柴火便烧了起来，可是由于壶太大，那捆柴火烧尽了，水也没开。于是他又跑出去继续找柴火，等回来时那壶水已经凉得差不多了。

再次烧水时，他就学聪明了，没有急于点火，而是先出去找了些柴火，因为柴火准备充分，水不一会就烧开了。智者忽然问他："如果没有足够的柴火，你该怎样把水烧开?"青年想了一会，摇摇头。智者说："如果那样，就把水壶里的水倒掉一些！"青年若有所思的点了点头。智者接着说："你一开始踌躇满志，树立了太多的目标，就像这个大水壶装的水太多一样，而你又没有足够的柴火，所以不能把水烧开，要想把水烧开，或者倒出一些水，或者先去准备柴火!"青年顿时大悟。

从智者那里回去后，他把计划中所列的目标划掉了许多，只留下最近的几个，同时利用业余时间学习各种专业知识。几年后，他的目标基本上都实现了。

追求梦想不可能是跨越式的，只能是一步一步地不停前进，哪怕每次是一小步，只要我们不断地捡拾柴火，为自己的梦想加温，最终就能从容地一步一步走向成功。

对成功而言，坚持是比力量与激情更为重要的。要知道，你每天的努力，就如同砍断参天大树：第一斧，可能毫无痕迹；第二斧，看似微不足道；第三斧，还是不见丝毫动摇；但是，如果你循序渐进，一斧一斧地坚持砍下去，终会使这棵大树轰然倒下。请相信，只要咬紧牙关，全力以赴，持之以恒，就没有实现不了的梦想，有步骤地坚持下去就能够从容地获得最后的成功！

第九章

放下是知足常乐的心态，清心寡欲方能超然自得

对我们每个人而言，人生是一个过程，所以，我们要从容面对。从容，是一种理性，一种坚忍，一种气度，一种风范；是处世时“不管风吹浪打，胜似闲庭信步”的镇定自若、不骄不躁。只有从容，我们才能临危不乱；只有从容，我们才能举止若定。一时的从容固然是美，也不难做到，但一生的从容才是英雄本色，是令人敬佩的豪情万千。

放下贪欲,路就在你的脚下

过度的贪欲是“万恶之根”,它给人带来妒忌、愁苦、争执,让人们终日生活在惶恐不安之中,而无法享受到平安、喜乐的从容人生。

俗话说:“人心不足蛇吞象。”过度的贪欲就是一切恶果的根源。人活在世上,想要拥有的东西太多了,就像格林童话《渔夫和金鱼》中的老太婆,心中永不知足,让她当贵妇人不行,还要当女皇;让她当女皇不行,还要当海上霸王,甚至要金鱼做她的仆人。结果呢,却适得其反,什么都没有得到。

过度的贪心就像吃咸菜一样,吃得越多越渴。人若过于贪心,就会在心理上永无宁日,无法享受生活中从容的乐趣;人若过于贪心,就不能坚持公道,无法读懂生活中的真谛;人若过于贪心,就会利令智昏,见利忘义,无法体会天伦之乐,甚至连性命都可能丢失。贪婪的吝啬人的寓言说的恰是这个道理。

曾经有个人很吝啬,他也知道自己这个毛病,但就是无法改掉。他家里穷得连床也没有,家徒四壁,只有一张长凳,他每天晚上就只能在长凳上睡觉。于是,他向上帝祈祷:“如果我发财了,我绝对不会像现在这样吝啬。”上帝看他可怜,就给了他一个装钱的口袋,说:“这个袋子里有一个金币,当你把它拿出来以后,里面又会有一个金币,但是当你想花钱的时候,只有把这个钱袋扔掉才能花钱。”

听上帝说完,那个人就开始不断地往外拿金币,整整一个晚上都没有合眼,地上到处都是金币。转眼间,地上的钱已经多到即使他这一辈子什么都不做,也足够他活一生了。可是每当他决定扔掉那个钱袋去花钱的时候,又都舍不得,心想还可以再拿一些金币出来。

于是他就不吃不喝地一直往外拿金币,直到把整个屋子都装满了。可是他还是对自己说:“我不能把袋子扔了,钱还在源源不断地出,还是让钱更多一些的时候再把袋子扔掉吧。”到了最后,他虚弱得连把钱从口袋里拿出来的力气都没有了，可他还是不肯把袋子扔了，终于在钱袋的旁边，孤独地死去了。

这个吝啬的人，因为过多的贪心，最终为金钱而丧命，什么也没有享受到，反而沦为笑料，真是可悲可叹。

过度贪心的人，往往是紧紧地抱住自己拥有的，不肯放下追逐得来的东西，更不会分给别人一丝一毫，甚至还吃着嘴里的，望着锅里面的，如同下面这只贪心的狐狸。

一天，一只狐狸出来觅食，很快，它就捉到一只飞雁，并把它衔在口中，负伤的飞雁在狐狸嘴里，不断挣扎着，还动着翅膀。

当狐狸走到河边时，它看见河里的鱼又肥又大，滑溜溜的，感觉似乎比飞雁还好吃。于是，这只贪心的狐狸随即把飞雁放置于岸上，跳入河里去捉鱼，然后再享受这顿大餐。可是一入水，狐狸就站立不稳，身子随水漂流起来。狐狸一看情形不对，就没命地逃上岸来，总算保全了生命。但岸上哪里还有飞雁的影子，负伤的飞雁早就趁着狐狸不注意的时候飞走了。

狡猾如狐狸，也因过度贪心而错过了美味的食物，既然已经飞雁在口，何必又去捉鱼呢，结果折腾得惊魂不定，两手空空，害自己烦恼，懊悔不已。

生活中，人多一份贪欲，就多一份痛苦和烦恼。少一份贪欲，就多一份从容和快乐。过度的贪欲如同一根链条，若自己无法摒弃，便会被其束缚；过度的贪欲又如同一个火把，若自己无法熄灭它，便会引火烧身。波斯匿王正是在领悟到其中的奥妙后，才放下贪念，重新拥有了从容而健康的生活。

近来胃口非常好的波斯匿王，看到什么东西都要饱尝一下，于是他的身体一天一天地胖了起来，终至行动困难，气喘吁吁。

他忧心忡忡地来请教佛陀，问有什么减肥的妙方。波斯匿王神情忧虑地对佛陀说："佛陀！我因为受不了美食的诱惑，饮食过量，以至于越来越胖，非常烦恼。"佛陀怜悯地说："王啊！你为什么贪念这么强，饮食太过度了，难道没想过要制止吗?"波斯匿王皱着眉头："有啊！曾经试过，但是还是抗拒不了想吃的欲望，怎么办呢?"佛陀微笑道："想得到不该得的东西就叫做贪。贪心的人终日追逐财、色、名、食、睡五欲，若不知道适可而止，必然会造出种种罪孽，伤害别人，使自己遭受业报的痛苦。要消除这种烦恼，应该去除贪求的心，饮食节量，自然

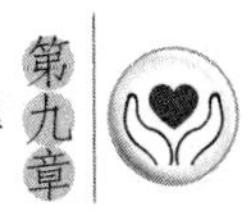

能够身体健康。”

听完，若有所思的波斯匿王欣喜地说：“原来痛苦和烦恼的根源是贪欲太多，贪念真是害人不浅哪！”

其实烦恼的产生并不是以人的物质生活为标准，而是以心境状态为参照物，若贪欲过重，人便永远无法满足，无法从容地生活。波斯匿王之前的烦恼便是来源于此，相信日后他应该能舒心地享受生活。

过度的贪欲如魔鬼，一点一滴吞噬着人们善良的心灵；过度的贪心如铁锁，整日整日地将人们囚禁于内，不得解脱。生活，不是活着给人看的，而是如一朵花，静静地开、又悄悄地落，全然为自己而存在。所有生命中的该得到的，我们应尽量争取；不该得到的，不如从容对待，正如徐志摩所说：得之，我幸；不得，我命。

欲望不能过度，否则物极必反。老子说得好：“见欲而止为德。”合理的需求才是从容，才是一种淡泊，才是顺应自然。唯其从容，方能摆脱一切世俗，悠然地过上自己想要的生活，创造属于自我的空间，让自己的人生因从从容容而色彩纷呈！

淡泊名利才能收获幸福的真谛

用一颗宁静的心，做个淡泊的人；用一颗从容的心，做个睿智的人。让我们在淡泊中走出浮华，走向从容；在宁静中沉淀深情，活出洒脱，用心描绘自己的真我风采！

淡泊，是一块高远的天空，是一片心灵的净土，是一种人格的净化，是一种傲然挺立的松柏精神。人生最美妙的时光，是不为名利所累，不为繁华所诱，独守一片天空，独享一角清幽，独处一隅孤寂，从从容容地“行到水穷处，坐看云起时”。

“淡泊明志，宁静致远”才能淡功名、轻利禄，才能从容淡定，才能超然物外，才能活得洒脱。用淡泊的心境去诠释志向的高远，用宁静的意念去解读生活的经书，你便能搏击万里长空，唱响生命华章，享受面朝大海、春暖花开的悠然生活。大学教授王海就在淡泊间拥有了现在的生活。

王海上大学的时候，专业都是学校预先确定了的。尽管他当时并不喜欢化学，但他却没有怨天尤人，他想了个两全之策，既服从学校分配，又不放弃自己的爱好。他在课堂上认真听老师讲要学的专业课，课下投入到自己感兴趣的科目上，尽管比较累，但王海仍然以优异的成绩完成了大学的学业。后来在科研中，王海不再受专业的局限，而是先找准自己喜欢的研究课题，再以此为圆心向周围延伸，涉及哪个学科，就找来相关资料，学习相关知识，而不是从头开始学这个学科。即便现在，他每天仍要阅读大量的国内外文献，不断学习新知识。他的研究工作涉及物理、化学等多个领域，所以王教授是一个典型的复合型人才。而当初本科时的广泛涉猎无疑为他的成功做了重要的准备。“没有人知道自己将来会做什么，不去尝试，怎会知道自己真正的兴趣所在？”王海如是说。

让学生们印象最深的就是王海淡泊的心态和强烈的社会责任感，王海所从事的研究工作，不仅是出于自己对工作本身的兴趣，对科学的热爱，更是出于为祖国服务，为人类造福的赤诚之心。在这个喧嚣浮躁的世界中，学生们惊讶王海竟能始终保持一颗宁静的心进行自己的研究。以王海的能力，随便在别的什么地方都会有优厚的待遇，而且工作会比这里轻松许多。“大城市有大城市的好，繁华，物质、娱乐生活都很丰富，可是我不需要这些，在这里我就可以买到我想要的东西，可以从网上获取各种信息，你们年轻人不也一样可以听自己喜欢的各种流行歌曲吗？”这席话很朴实，也很真实，做到的人却很少。“这里有我喜欢的工作，衣食无忧，还可以每天做自己喜欢的事，又怎会觉得累呢？”王海平静地说。当然，压力总会有的。在工作之余，王海会陪着家人看电视，或是出去旅旅游，而且他每天早上风雨无阻地送女儿上学，一家人其乐融融。家庭的温暖舒解了工作的压力，也带给他无限的满足。

在纷繁复杂的尘世间，拥有一份属于自己的宁静，实在是一种独特的享受。王海正是用自己淡泊的心态做了一条远航的船，用宁静的性情织了一张稠密的网，在人生旅途上摒弃贪名重利的心，打捞出了生活中最纯的美丽。

梅艳芳的《女人花》唱得好，“醉过知酒浓，爱过知情重”，经历过才知一切都将归于平静。红尘微熏的岁月，功名利禄让我们眼花缭乱，只有在时间的轮

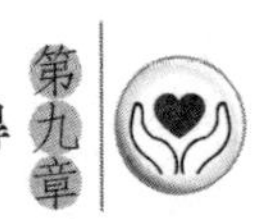

回中我们才能变得宠辱不惊、淡泊从容，用一颗淡泊的心去完成飞翔的梦想，用平静的心态去接受生活赐予我们的喜怒哀乐，从容地为精彩人生而拼搏，把梦想照进现实。梦静正是这样一个女孩，她在淡定和从容间实现了自己的追求。

梦静是个纯朴而文静、很有亲和力的女孩，眼中总闪耀着坚强与执著的光彩，脸上常挂着甜甜的笑。梦静在大学期间成绩优异，现在已经被保送读研究生了。

谈及到保送读研问题时，梦静解释说申请保送读研是一项相对复杂的程序，要做好充分的准备，比如说和目标学校沟通好，在口试时尽量发挥出最高的水平等。除此之外，学院内的综合排名在保送读研时是一项非常重要的参考标准，平时成绩和素质发展分各占一定比重。

说到学习，梦静认为学习并不能只靠死记硬背，而是要将学习培养成一种兴趣。因为只有对一件事物有兴趣才会尽自己最大的努力投入其中。此外，她也不赞成我们带着功利心去学习，这样可能会扼杀我们对学术、对学习的兴趣。她觉得有些东西你越追求越得不到，就像你抓沙子，抓得越紧，沙子漏得越多。梦静说她自己的生活态度就是把名利看得淡一点，踏踏实实地学习，只问付出，不问收获。梦静坦言自己现在能进入这所梦寐以求的大学读研，其实也并非刻意追求，而是水到渠成。

梦静正是因为有一颗淡泊宁静的心，才不会被困于喧嚣的市井，才不会被一切外物扰乱心智，才能静下心来学习和思考，充实自己的灵魂；而她也在这种宁静中，从容地进入了理想中的求学圣地。

“淡泊明志，宁静致远。”这是一种自我的回归，是一种人生的体验，是一种平衡心态的洒脱，更是一种人生的志向。人生百态，五味俱全。无论是籍籍无名的困苦，还是轰轰烈烈的潇洒；无论是和风细雨的平静，还是暴雨瓢泼的淋漓；不论是激情昂扬的振奋，还是惨淡潦倒的失意。让我们把成败兴衰放一边，退一步海阔天空，让淡泊和宁静做自己的伴侣，让自己的灵魂回归从容和坦然的状态。要知道，在轰轰烈烈中保持一颗平常的心境，在平平淡淡中享受从容的快乐才是智者的选择。

放下攀比心，制造专属味道

没有人可以得到这世间所有的美好，能够自由掌控自己、把握自己心态的人，最终才能获得从容和幸福。

相互攀比的心理在每个人的心中都存在，它源于人们的好胜和不服输的心理。这种好胜之心会让你在跟别人的比较中，或多或少地失去平稳的心态，失去本来的自我。

在自己生活的世界中，自己永远处在这个坐标系的原点。能够把握好自己心态的人，就不会在乎他人的财富胜我多少、才气高我几许。因为人与人不仅有差别，而且是天壤之别。能够明白“人比人，气死人”，就会洒脱许多，开心许多，轻松许多。这的确不失为生活中的一大平衡术。

各人的成长环境不同、天资不同，在若干年后，术业有专攻的局面必然呈现，用自己的长项和别人的比，顿觉优越感十足；而看到别人的哪方面比自己强，自己无法企及，就失魂落魄、垂头丧气，这样的人活得未免太累了。一个人的心理平衡就这样轻易地被打破，哪还有安宁和快乐可言？

一天，一位自诩才高八斗的穷酸诗人乘船过江。当船划到江的三分之一处时，这位诗人突然诗性大发，面对滔滔江水吟起诗来，几首过后甚觉无趣，因为没有人能够欣赏他的诗。于是他问船夫：“船夫，你懂不懂得诗词之美啊？”

船夫摇摇头说：“我哪懂得诗呀！我只会划船！”穷酸诗人叹了一口气：“唉！连诗歌都不懂，你真是个大老粗。”船夫对这带有歧视意味的话，丝毫没有理睬。

船走到江中间的时候，穷酸诗人拿出一只笛子吹了起来，陶醉在自己的旋律之中。一曲完毕，穷酸诗人又问船夫：“船夫先生呀！你不懂得欣赏诗句，那你总该懂得欣赏丝竹之美吧！”船夫摇摇头说：“我哪懂得音乐啊？我一生只会划船！”穷酸诗人更加不屑地说：“不懂得欣赏音乐，你的生活真是枯燥乏味，活着还有什么意思啊。”

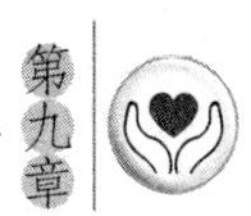

突然间,天空中乌云密布,下起大雨,江水暴涨,眼看就要把船给打翻了。船夫跑到船头准备跳下水,这时,他回头问穷酸诗人:“秀才先生,那你会不会游泳呢?”穷酸诗人说:“我这一生饱读诗书,欣赏音乐,哪有时间学习游泳呢?”船夫说:“那很抱歉,不懂诗书和音乐,我没觉得我的人生缺少快乐,但你此时不懂游泳,恐怕你的人生即将全部失去了。”说完,船夫就跳进了江里。

可想而知,可怜的诗人会落得一个什么样的下场。船夫面对诗人诸多带有羞辱性的话语,依然面不改色,情绪毫无异样,这说明他阅历丰富,情绪稳定,不因与别人比较而失去平衡。只顾炫耀才华的诗人,没有给别人留有口德,最后在危急时刻,空有一身才学,不懂得救生之法,也只能遗憾地了此一生。

不随意贬低别人,也不因为别人的才学而感到自卑。这是诗人没有做到的,船夫却心领神会的。一味想着表现自己的人,在你夸耀自己的同时,你的心就已经失去了平衡,就已开始伤害别人,最终很可能也会伤害自己。

我们常说职业不分贵贱,就像船夫会划船,诗人会作诗一样,各自有各自的本领,不必过分炫耀或羡慕。生活中,我们会听说很多抱怨,诸如别人穿得比自己漂亮,吃得比自己讲究,住得比自己舒适之类。社会上的攀比之风更盛:乡村的羡慕城市的,钱少的羡慕钱多的,位低的羡慕位高的,权轻的羡慕权重的……

殊不知,我们绝大多数人,不管是生活条件还是社会地位,都是比上不足,比下有余。古人云:“人骑骏马我骑驴,低头思量我不如,回头看看推车汉,比上不足比下余。”

你无鞋,你痛苦,然而无腿的人比你更痛苦。生活中总有比你更加不幸的人,这并不是让你去为别人的不幸而幸灾乐祸,而是让我们充分认识人生的多变,从而去选择乐观。

仔细想想吧,当你在羡慕或嫉妒别人时,你身边又有多少人在羡慕你有一份酬劳可观的工作或者有一个幸福美满的家庭呢?

网上曾经有一个帖子,它是这样说的:

北京人说他风沙多,内蒙人就笑了;内蒙人说他面积大,新疆人就笑了;西藏人说他文物多,陕西人就笑了;陕西人说他革命早,江西人就笑了;江西人说他能吃辣,湖南人就笑了;湖南人说他美女多,四川人就笑了;四川人说他胆子大,东北人就笑了；东北人说他性子直，山东人就笑了；山东人说他经济好，上海人就笑了；上海人说他民工多，广东人就笑了；广东人说他款爷多，香港人就笑了……

这个帖子没有什么深意，只是博君一笑而已。但是这却告诉我们一个道理：不要热衷于把别人比下去。天外有天，人外有人，我们只是其中小小的一分子，怎么可能处处得到盛誉呢？

再者说，世间不如意事常八九。每个人的人生道路都不可能平平坦坦，毫无波澜。如果自己不知足，一味跟周围的人攀比，伤心失望恐怕也是在所难免。世上没有十全十美的事情，也没有十全十美的人，不要过分求全，不要始终拘泥于完美，没有人可以得到这世间所有的美好，能够掌控自己、把握自己心态的人，最终才能获得从容和幸福的生活。

不要苛求生活，不完美的才真实

从容的心态能让我们拨开纷扰，无所谓流言蜚语、世事变迁，自如地游走在属于自己的理想世界中。

世俗的生活中，纷扰总是如影随形，挥之不去。越来越高的钢筋水泥，分割了广袤的天空，阻碍了人与自然的交融沟通；越来越多的物质欲望，取代了最初的天真，淡漠了心对质朴的向往。幸福快乐是人们孜孜追求的目标，但更多的人却在对快乐的追逐中迷失了自我，深陷俗事的泥塘，任凭都市的烟尘蒙蔽了心灵，红尘的诱惑扭曲了灵魂，纷杂的俗事打乱了生活，逐渐在永无休止的追逐中丢失了从容的心态和生活。

面对周遭纷纷扰扰的事，每一个人都应该成为自己生命之舟的舵主。无论是面对一帆风顺的顺境抑或是濒临绝境的困难，我们都需要处变不惊、从容把握，才可能战胜一切艰难险阻，寻找到自己想要的人生。身处娱乐圈是非中心的乐基儿就为我们阐释了如何在滚滚红尘中击破纷扰，洞察世事，了然繁华，回归从容。

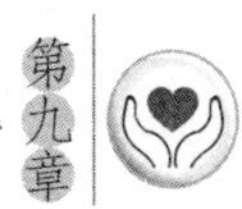

八卦媒体通常会用这几个词语形容乐基儿。“鬼妹”、“性感”、“野性”，这基本上交代清楚了乐基儿的身世背景，也大致概括了这个名模的个性要素。乐基儿就跟她有些古怪的名字一样，给人留下无限遐想的空间。男朋友黎明这样形容乐基儿：“我们两个人相处这么长时间，都有相同的理念，什么应该做，什么不应该做。”当然，这其中的挣扎与纠结，并不是那么容易消失的。尤其是一出门便要面对狗仔队长枪短炮时。

前不久乐基儿被八卦周刊拍到与某杂志男编辑搂搂抱抱，其实原本是年轻人之间善意的玩笑，却变成了好事媒体笔下的放肆行为。“我跟那位男编辑根本没有什么，只是收工后大家一起去玩。现在再写我什么，我已经无所谓了，刚开始确实很不习惯，我尽量妥协，让自己可以从容地面对很多传闻和猜测。看过也就算了，把它当做尘世纷扰的一部分，便不需要耿耿于怀。这也算是成名必须付出的代价。”

如今能从容地在那么纷扰的圈中立下脚跟，乐基儿天生乐观而健康的心态自然功不可没。一个年轻的女孩子面对一朝成名，难免有些迷茫与欣喜，“刚开始的时候，这个圈子的浮华确实让我有些迷惑，有时候也会想很多，例如接下去怎么做，需不需要做一些调整，改变下生活和工作的方式。”但平静下来后，她很清楚，金钱与名位其实真的只是暂时的，对年轻的她而言，快乐反而是更重要也更值得珍惜的，“我会跟家人、朋友谈心，让我可以平静下来，想清楚自己想要的到底是什么。他们会告诉我，外表的光鲜亮丽只是一时，单是拥有那些东西的人生并不完整。我很庆幸自己并没有迷失自我。”

乐基儿常戏称自己依然是一个长不大的女孩，依然保持着纯真的心，例如她不会选择进军娱乐圈拍电影，依旧安分地当模特，走秀、代言，之后简单接受媒体的访问便老老实实做自己的工作，“基本上我的生活算是很普通的，例如之前一直在学画画，有工作时就工作，没工作就做菜，或者出外旅游。”

娱乐圈越是五光十色，她越是尽量让自己远离太多的纷扰，少一点曝光率。近年乐基儿越来越多地投身到公益事业里，除了捐出心爱之物，她也在用自己的画笔为穷困的儿童捐款。这外表看似大胆的女孩其实隐藏着一颗单纯、善良、从容的心，所以她能淡定地面对各种状况，为自己创造最舒心的生活方式。

俗事纷扰嘈杂中，保持淡定从容，便可于幽静处静听风声，于喧闹处享受安宁。如唐朝诗人王维，正因他能用从容的心态对待生活中的纷扰，才写出了一首首流传千古的诗歌。

大唐盛世如花的繁华终究摆脱不了一朝变乱、笙歌尽逝的悲剧，王维这个曾经“系马高楼垂柳边”的倜傥少年，也不得不面对长河的落日、大漠的孤烟慷慨悲歌，在渔阳鼓声碧池头里感叹身世纷扰。朱颜退却，烟花飞尽，王维走得倦了。不求柳暗花明的转机，他只是往那里轻轻一坐，深山里一朵花的开落，反而牵动起他最敏锐的神经：“木末芙蓉花，山中发红萼。涧户寂无人，纷纷开且落。”此时的瞬间，是从容泰然的瞬间。当岁月溜走，心湖波澜不惊时，王维就像一位老花匠，品味着繁花的温婉和从容。

“渭城朝雨浥轻尘，客舍青青柳色新。劝君更尽一杯酒，西出阳关无故人。”王维劝人的言语也是那样温暖和动情——他瞥了一眼渭城客舍窗外青青的柳色，看了看友人已打点好的行囊，微笑着举起了酒壶。“再来一杯吧，阳关之外就找不到像你这样可以对饮畅谈的老朋友了，也找不到人能和我一起分享这纷扰的俗事了，让我们一同饮尽这杯酒吧。”这便是王维的潇洒风范，他不会洒泪悲叹，执袂劝阻，他的目光放得很远，他的人生道路无论在哪里都是坦荡而从容。

王维的诗歌有时是婉妙的，如女子低首敛眉的舞姿；王维的诗歌有时又是刚强的，如水墨山川间的屏风，举重若轻，拒绝浮华和纷扰。最让世人心动的更是他那“行至水穷处，坐看云起时”的从容和洒脱，让所有的纷扰都成了天空的清澈和水色的温柔。

诗歌可谓是最具灵性的文字，能真实反映作者对待生活的心态。王维的诗歌便闪耀着他从容的生活智慧，也为他的生命笼上了一层绚丽的光芒，让他的人生有了别样的意义。

从容，是我们一种对待生活的态度，有了这个态度，我们便能在尘世的纷扰中保持一份平静的心性，不至于因一时的得意而大喜过望，也不会因一时的不遂人愿而怨天尤人。

事实上，当我们留心感受时，就会发现其实幸福从来就没有离我们远去，它一直在我们身边某个最深最隐秘的地方蛰伏着。你只需要一颗从容的心，悠然

地拨开尘世纷扰的迷雾，轻轻地将它唤醒，幸福便会如期而至，永远伴随着你，让你气定神闲地享受生活！

看淡成败，还心灵一片净土

只有看淡成败，做到宠辱不惊、去留无意，方能心态从容，恬然自得，笑看人生起伏、世间百态。

人生在世，难免要与宠辱得失打交道。无论是位高权重还是市井小民，无论是富可敌国还是家徒四壁，都得在宠辱之间展开自己的人生画卷。能顺其自然地看待宠辱问题，做到宠辱不惊，才叫从容。一个人凭着自己的努力踏实、聪明才智获得了应得的荣誉或爱戴时，应保持清醒的头脑，切莫飘飘然。

宠辱不惊，是我们对待这个复杂世界的一种人生态度、一种处事方式。须知"布衣可终身，宠禄岂足赖"，一切都是过眼云烟，荣誉终将过去，不到人生最后一刻，一切都不值得夸耀、不足以留恋。宠辱不惊，是人生的一种大智大慧、大觉大悟的心境，有了这种心境，人便能够摆脱名利困扰，达到从容自若的人生境界。苏东坡正如是，他能写下流传千古的名诗就是源于他用一颗平常心看待人生起伏。

苏东坡的一生是多姿多彩的。他的一生漂泊不定，奔走于杭州、密州、黄州、惠州等地之间，最后竟被流放到蛮荒之地琼崖海岛，但他始终心胸坦荡、刚正不阿、从容不迫、不改做人的初衷，即使身处乱世，面对邪恶之事时，他仍"如蝇在食，吐之乃已"。

在对待人生的态度上，苏东坡真正做到了宠辱不惊，他曾写过名句"处贫贱易，处富贵难；安劳苦易，安闲散难；忍痛易，忍痒难；人能安闲散，耐富贵，忍痒，真有道之士也。"而他也真正做到了。他曾因"乌台诗案"被捕入狱，后来被释，在监中共度过了四个月又二十天。出了监狱大门，他停了一会，用鼻子嗅了嗅空气，感到微风吹到脸上的快乐，闻到了阵阵花香，看到街上行人穿梭而过，他又诗如泉涌了，于是写下了“平生文字为吾累，此去声名不厌低，塞上纵归他日马，城东不斗少年鸡。”

这首诗若让御史仔细检查起来，他又犯了对帝王的大不敬之罪，写完这首诗，苏东坡掷笔笑道：“我真是不可救药！”

在仕途上，苏东坡屡屡遭贬，他虽身居贫困之地、险恶之邦，仍能找到生活的乐趣。面对残酷的现实和窘迫的生活，在惠州，他自宽自解道：“罗浮山下四时春，卢橘杨梅次第新。日啖荔枝三百颗，不辞长作岭南人。”在儋州，他吟唱道：“枝上柳绵吹又少，天涯何处无芳草！”尽管他的诗词曾在当时被列为“禁书”，但还是有人冒险传抄、诵读；尽管他被贬到天涯海角，但还是有人不远千里专程去探望他，拜他为师。这正是被他宠辱不惊的个人魅力所吸引而至。他游山玩水，泛舟湖上，月下独酌，禅院访僧，美丽的大自然抚平了他心灵的创伤，启发了他创作的灵感：《赤壁怀古》、《前赤壁赋》、《后赤壁赋》、《承天寺夜游》等都是后世交口称赞的精品；他亲自做菜，他发明的“东坡肉”、“东坡鱼”、“东坡汤”，流传至今成为大江南北的名菜。

这就是看淡成败、宠辱不惊的苏东坡。在政治前途渺茫、生活极其艰难的日子里，他始终保持着乐观从容、积极进取的人生态度。他既面对现实，又超脱现实，以一种诗意的、艺术的审美态度来看待人生起伏。无论贬谪到何方，无论经受怎样的挫折，他都能从容地享受大自然的山山水水。

心胸坦坦荡荡、人格纯洁高远的人，他的心永远是从容安逸、宠辱不惊的，如张海迪，无论面对生活中的何种变化，她始终能寻找到人生的支点，宽厚豁达，看淡人世炎凉、人情百态。

张海迪 5 岁患脊髓病，身体从胸部以下全部瘫痪。她用顽强的意志粉碎了医生对她生命长度的预言，积极生活每一天，让生命不断充盈意义。少女时代下乡，她自学医学知识，为农民治病；为了走进社会生活，青年时代的她自学绘画和外语，后来刻苦写作，出版了 200 万字的作品，成为山东省作协副主席；她没有进过学校大门，但通过长期艰苦自学，获得了吉林大学哲学硕士学位。张海迪的名字早就上升为一种坚韧与不屈精神的象征。

1981 年 12 月底，《人民日报》头版刊发长篇通讯，报道了张海迪的奋斗经

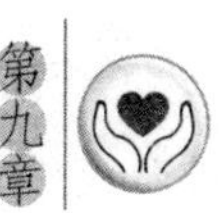

历，从此，来自全国各地的信件就像雪花一样飘落到张海迪手上。1983 年初春，《中国青年报》又发表了一篇介绍张海迪事迹的长篇通讯《即使是颗流星，也要把光留给人间》。同年，邓小平为张海迪题词，“学习张海迪，做有理想、有道德、有文化、守纪律的共产主义新人！”此后，张海迪的一举一动都受到了关注，人们甚至议论过“海迪应不应该结婚”、“海迪要不要留长头发”等。

面对这一切，张海迪选择了沉默。她说，用宽容的微笑对待并不宽容的生活，也许是更明智的办法，自己只是一个平凡的人，过去是怎样，现在还是怎样去生活，并且要从容地走过每一天，在任何时候都做到宠辱不惊。张海迪说，要让生命有意义，也希望让生命有诗意，这才是从容的人生。生命只有一次，时间飞走就再也回不来了，即使身体残疾，也要爱生命，敢于面对各种人生历练。

张海迪曾经感动过无数人，而如今她宠辱不惊的处世态度再一次感动我们。齐白石先生说过：人誉之，一笑；人毁之，一笑。面对尘世的变化、他人的评价，我们何必太在意呢，保持一种从容的心绪去看世界，你会发现人生处处都是鸟语花香。

“宠辱不惊，闲看庭前花开花落；去留无意，漫随天外云卷云舒。”是啊，宠不过是过眼云烟，辱亦不过一时失意，只有视一切为平常，我们才能无欲而刚，从心底傲然而立，保持一种从容自若的人生境界，守住自己一份完整独立的人格尊严，还心灵一片净土！

用平和心态开拓人生

平和是一种理想的心理状态，是一种自我控制能力。拥有平和心态的人，往往能怀揣一颗从容之心，淡泊名利，宠辱不惊。

若想以从容的心性和达观的胸怀走过自己的一世，平和的心态是必不可少的。事实上，任何一次成功都仅仅是我们人生路途中的一个驿站。它来源于平实，归终于平和。

拥有平和心态的人，能够正确地看待人生，不为权力、地位、金钱所诱惑；拥有平和心态的人，心境从容而淡泊，不会为一己私利放弃人生的道德准则；拥有平和心态的人，能保持悠然、恬静和健康的身心，从容有致、宽广博大的胸怀，崇高的精神境界和高深的素养。

当然，平和并不意味着无所作为、没有追求、不思进取，而是要顺天应时、无为而为、尽人事而听天命。被西方誉为“美国国父”的乔治·华盛顿就是一位心胸坦然、从容有致的平和之人，他用宠辱不惊的心态受命于美利坚民族危难之际，执政于合众国初创之时，为美利坚民族争取独立做出了卓越贡献。

约克镇大捷后，独立战争胜利在即。这时，建立什么样的美国这一重大问题凸现在人们面前。1782 年，大陆军上校尼古拉给华盛顿写了一封长达七页的信。信中说，当今世界上，各大国无不实行君主制，而您“既有把我们从显然非人力所能克服的困难中引向胜利和荣誉的能力，又有应该得到并且已经得到军队普遍尊重和尊敬的品质，”因此，您既能“在战争中引导人们走向胜利，同样应该在和平道路上领导大家顺利前进。”这意思就是美国君主非华盛顿莫属。

面对金灿灿的王冠，具有民主共和思想的华盛顿半点也不为所动。他立即给这位部下写了回信。信中说：“我认真阅读了你要我仔细阅读的意见，感到非常意外和吃惊……如果你重视你的国家，关心你自己或子孙后代，或者了解我，那么，我恳求你，从你的头脑里清除这些思想，而且绝不要让你自己或者任何别人传播类似性质的看法。”就这样，华盛顿严词拒绝要他当美国国王的呼吁。一年多后，华盛顿自动辞去大陆军总司令的职务，解甲归田，隐居在自己的庄园里。

华盛顿以拒当国王的行动，维护了共和制，迈开了创建民主共和制国家的坚实的第一步。1789 年，华盛顿当选为总统。此时的华盛顿在给妻子的信中写道：“你应当相信我，我以最庄严的方式向你保证，我没有去谋求这个职位，相反，我已经尽我所能竭力回避它，除了因为我不愿意与你和家人离别，更重要的是，因为我自知能力不足，难以胜任此重任。我宁愿与你在家中享受天伦之乐，这比我在异乡待 49 年所能找到的欢乐要多得多。既然命中注定委任于我，我

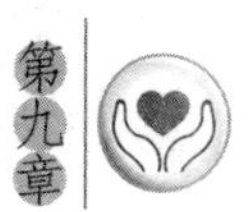

希望能够通过接受此任为实现其崇高的目的。我将充分依赖上帝,他一直在保佑和厚待我……"

正因拥有平和的心态,华盛顿才能不为功名利禄所动,在成为国君之际真心实意地拥护共和,从而造就了民主、繁荣的美国。

平和的心态不是力不能及的无奈,不是心满意足后的自赏,不是碌碌无为后的哀叹,而是一种大彻大悟的超然境界。生活中的诱惑实在太多,而物质的欲望更是永无止境。唯有平和,方能在喧嚣的世界中保持独立人格和高节情操。有"孔雀公主"之称的杨丽萍便用她平和的心态舞出了人生和艺术的双重精彩。

以惟妙惟肖的孔雀舞一举成名的杨丽萍,已经跳了30多年了,按她的说法她会一直跳下去。为了编排真正原生态的歌舞剧《云南映象》,杨丽萍花了一年多的时间,深入民族聚集地采风,同时也寻找演员。整个剧目中群众演员占了近80%,这其中有民间老艺人、佤族的放牛娃、白族的5岁小女孩,他们都是从田间地头挖掘出来的。在全新的包装与潜心打造中,民族文化保留着最初始的状态。"有嘴不会唱,白活在世上;有脚不能跳,俏也无人要",编排中大量运用的民族本土语言,淋漓尽致地表达了民族文化最打动人心的质朴……就这样杨丽萍把云南那些快要被现代文化吞噬的原始民族舞蹈解构并重新整合,于是便诞生了一台让人震撼的大型原生态歌舞《云南映象》。

杨丽萍坦言,她是农民出身,她只有跳舞这个一技之长,她是个民间艺人。除了跳舞别的事情似乎也做不好。她喜欢耕种,种一些果树、庄稼,栽一些花草之类的东西,经营着它们会觉得很开心,她真的向往恬静温馨的田园生活。

虽然成名已多年,但杨丽萍始终保持着平和的心态。很多年来,杨丽萍一向为人低调,只是近年为了宣传和推广"原生态"才增加曝光率。漆黑的秀发、长长的指甲是杨丽萍这位"舞者"显著的特征。别人以为长指甲会让她觉得是负担,其实恰恰相反,她早已习惯了长指甲,不然会连东西都拿不起来的,指甲已是一种距离的判断。其实爱护指甲也是为了舞蹈。指甲有灵性,是很重要的,雨滴、火苗都可以通过指甲舞蹈表现出来那种感觉。在生活中杨丽萍不穿名牌,坚持穿喜爱的民族服饰。

为舞蹈而生的杨丽萍，正因为这份平和的心态，才让她潜心于舞蹈艺术，成为中国新一代的舞蹈皇后。今后，她还将继续为她所钟爱的舞蹈艺术而奔波，用身姿向世人传达她的精神，展示她的风采。

平和的心态，是一个人远大的志向、坚定的信心、豁达的性格和超脱的人生态度的综合体现。它不是得过且过者“天生我才必有用”的自慰，不是消极颓废者“花自飘零水自流”的自弃，更不是志得意满者“今朝有酒今朝醉”的挥霍。

拥有平和的心态，成功时我们会欣赏自己的努力和勇气，能再接再厉，从容地为梦想加油；失败时我们会从中获得经验和教训，能顽强拼搏，调节自己的状态，更会以积极的心态，从容地去开拓出一片新天地！

对生活知足，内心方能安定

知足不是没有理想，没有追求，亦不是懒惰平庸；它是一种难能可贵的品行，是与欲望激烈抗争的过程中修炼而成的从容而安定的境界。

生活中，诱惑无处不在、无时不有，它们总带着蛊惑的笑容，向世人展示婀娜的身姿，发射暧昧的眼神，让人心甘情愿地投入其中。有些人甘愿在这纸醉金迷中迷失自己，失去原本质朴的生活。人之所以痛苦，皆因内心的执念，对于某些东西放不下，不懂知足，譬如爱情、金钱、权利和欲望。当人苦苦追求而不得的时候，就会陷入迷乱烦躁之中，进而无法从容地面对自己的生活。

人们都期待着能够得到想要的东西，越是得不到的东西越是想得到，可偏偏越是想得到就越是得不到，如此纠缠下去，就演变成疙瘩，郁结在心中。这如哽在喉的心结，使你自己徘徊在痛苦的边缘而无力自拔，不仅在无形中给心理增加了巨大的压力，还给精神带来了负担。其实，人的需求是很低的，但人的欲望却总是无限的。每个人都应珍惜自己所拥有的，学会满足自己的需求，做到知足常乐，这样才能享受到内心的安定。陈维迪和夫人携手 68 年的婚姻生活

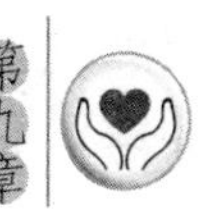

向我们展示的正是知足的幸福画面。

陈维迪和夫人是在1942年结婚，虽经过了诸多风雨坎坷，却一直相濡以沫，幸福地走到了现在。在将近70年前，一个私人银行的老板相中了手下的一名职员，小伙子面若冠玉，眼如寒星。最主要的是，他工作踏实认真，人品亦非常可靠，是做女婿的良选。当年的小伙子便是陈维迪。老板的女儿李小姐当时还在上中学，年龄尚小，但两家仍决定订婚在先，等李家小姐毕业之后再成喜事。李小姐经常去银行里找陈维迪，两人早已认识了。

两个人对婚事亦无反对，订婚之后，在李小姐放假的时候，他们会一起去公园、看电影，这种习惯延续到结婚之后的许多年。陈维迪说，他们当年没有现在的年轻人那么罗曼蒂克，不过他们之间那种不温不火、历经了岁月的温情，陪伴他们走过了这么多年的风风雨雨。

在两人的婚礼上，陈维迪对他的新婚太太说："不管发生什么事情，我们永远不要离婚。"事隔68年之后，陈维迪依然记忆犹新。他说，这是对婚姻的一种责任和承诺。婚后没多久，因为战争，夫妇相携逃到外地，那时，他们已经有了孩子。初时，他们有过很艰难的一段日子，两人都没有工作，没有收入，一天只吃一顿饭。即使是这样，过惯了富足资产阶级生活的两口子依然很知足，因为他们都觉得把现在的日子过好比什么都重要。

后面的生活算是富足稳定，如果没有经历文化大革命的话。文化大革命中，陈老被划为"走资派"，在单位成天挨批斗。再接着，又赶上干部下放，他已经从人民银行被下放到了工厂。陈维迪说，他很感谢夫人，性格好，心很宽，能包容，懂知足，无论自己钱多钱少，从来都能从容地生活。

陈维迪幸福的秘诀正是他们俩相互对对方都没有过高的要求，没有强烈的欲望，懂得知足，能在平平淡淡中相濡以沫，共同携手从容地面对人生的种种变故。

是啊，用平和从容的心态去对待生活中的不如意，我们就会少一些埋怨，多一些快乐，少一份欲念，多一份知足。像黑鸭子合唱团的樊桐舟，她的快乐和幸福生活也都是建立在知足的基础上的，真正做到知足，人生便会多一些从容，多一些达观，内心多一些安宁。

“黑鸭子”的合唱组一直活跃于大大小小的伴唱舞台上。虽然她们并没有大红大紫过，但作为中国分声部演唱组合的领头人，黑鸭子合唱组早已深入人心。黑鸭子合唱组有一个最大的特点，就是它不隶属于任何一家公司，而是一个独立的团体。在合唱之外，每个成员都有固定的工作，可以根据工作节奏安排演出的场次。除了担任合唱组里的二声部，樊桐舟还会负责写三个人的和声曲谱。这样一来，黑鸭子合唱组成了樊桐舟最稳定的一份“兼职”。

樊桐舟的本职工作是北京现代音乐研修学院的老师，“我特别喜欢站在讲台上的感觉。看着台下坐了那么多渴求知识的学生，我总有一种莫名的兴奋感，想把我所知道的音乐知识都传授给他们。”讲到老本行，樊桐舟的兴奋溢于言表，“站在讲台上和站在舞台上的感觉有一部分是相似的，但成就感却远远高于做一名歌手。每当看到学生进步，我都会有一种非常大的成就感。”发行个人专辑之后，樊桐舟的工作重心虽然有部分转到演出方面，但她依然坚持每月去学校给学生们排练合唱歌曲。她说：“音乐教育是我生命中十分重要的一部分。虽然现在我还不能把全部精力放在这上面，但我会在社会上积累更多的经验，然后回来传授给学生。”

樊桐舟一直觉得自己的生活很幸福，有一份喜欢的工作；在北京给父母买了房，随时可以去看望老人；可以做自己热爱的音乐……虽然每天的工作都很忙碌，但所有这些，都让她充满了知足感和安定感。

知足就是人生的一种心态、一种境界、一种品格，如樊桐舟这样，常怀一颗知足之心生活，人生自然处处欢乐不断，心灵自然安定祥和。

知足常乐正是需要我们用从容的心态去对待宠辱得失。人的内心安不安定其实是一种心态，是我们可以调控的。或许有的人生活很优裕，却总是不安定、不踏实；有的人生活得很艰难困苦，却觉得知足而快乐。

我们的一生，是为了自己而活，所以不要将自己束缚在攀比的牢笼中，为世俗的纷扰所困。以从容的心态去面对生活中的一切，把心态放平和，人自然也就变得大气且知足，能珍惜自己已经拥有的东西，如意、幸福、安定的生活便不再是童话，而是我们每天都能享受到的真真切切的现实。

第十章

放下是怡然自若的洒脱，达观知命方能永不迷失

在《说文解字》中是这样定义“容”的：容，盛也，屋与谷皆所以盛受也。意思是屋宇与山谷皆虚内可容物也。从容即包含着从大、从深、从久、从远之意，所谓“自信人生二百年，会当水击三千里”便是从容的体现。从容地历经世事，笑看风雨人生，以富有韧性的心态，去塑造一个清晰的思路，你会发现奇迹就在你的身边。拥有从容的心态，我们方能领略到人生的无限风光和无穷美好。做人贵在从容，一颗从容之心足已决定成败。

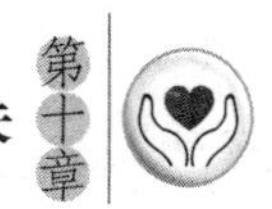

淡定立于世，有所为有所不为

“有所不为”也是一种成功。因为，适时的“有所不为”能让你腾出精力去“有所为”，避免浪费有限的资源而能集中力量去做最重要的事，这样更容易成功。

人生在世，不过匆匆百年，在历史的长河中，可谓弹指一挥间。在这有限的时间里，面对广阔无限的世界和永无止境的诱惑，人的精力和现实可能性终究是有限的，故老子曰“有所为有所不为”。

人与人之间的巨大区别就在于所为所不为的不同取向。如若我们肯约束自己的贪欲，对一切保持着从容的心态，顺应自己的天性，找到自己真正喜欢做的事、最适合自己的领域，并且一心把自己喜欢做的事做得尽善尽美，把选择的领域经营得有声有色，那么我们便能成就自己的事业达成自己的伟愿。奇瑞公司能成功开拓海外市场，也是因为在对自身清醒认识的基础上选择了有所为有所不为的政策。

在开拓海外市场方面，奇瑞公司选择了有所为有所不为，所谓有所为就是先进军第三世界国家，有所不为是暂缓进军欧美市场。2004 年 9 月奇瑞的海外战略开始加速，奇瑞国际部升级为奇瑞国际公司。当年，奇瑞汽车出口量达到 8000 辆，许多海外经销商慕名来奇瑞进行销售谈判，奇瑞的国际业务进入了飞跃期。目前，奇瑞国际公司将全球的业务分为五大块：亚太区、东盟区、欧洲区、中南美洲区和非洲区。

在奇瑞国际公司的网站上，各大区的销售网络已经初步形成规模：中东有 15 个经销商、东欧有 11 个经销商、亚太地区有 6 个经销商、非洲 6 个，起步不久的中南美洲经销商相对较少。为了建立相应的风险控制和激励机制，奇瑞在每一个国家或地区仅设有一家经销商，而非总代理。像中美洲一些国家的经销商，他们都有相应的销售指标，如果没有达到，而奇瑞又发现了新的有实力的经销商，未达标的前任就会被取消资格。

据了解，奇瑞对经销商的要求是，在当地销售汽车的同时，他们还负有收集当地市场信息和推广奇瑞品牌的任务。眼下奇瑞QQ正替代日本的经济型家用轿车，在中东国家受到热烈的追捧。

而与之相映成趣的是，奇瑞对欧美市场则采取暂不进入的措施，奇瑞的谨慎源于当年现代、丰田在进军国外市场时犯下的错误。“在未摸清海外市场要求的情况下就贸然出击，做坏了品牌，结果用十多年的时间去重塑品牌。”但奇瑞的相关工作仍在紧张进行中：从计划何时进入，到生产进入该市场的产品，继而制定进入该市场的计划。2005年，针对美国市场的奇瑞车正处于调试阶段。奇瑞将进军美国市场的车型定位于中级车，比当地同级同配置的车便宜20%～30%，售后服务上提供不低于竞争对手的质量保证。

在准备产品的同时，美国梦幻公司与奇瑞的谈判也同步进行。奇瑞给了梦幻公司5款车的独家代理权，而非所有产品。在合作合同中，奇瑞提出一系列将双方牢锁在一起、近一步避免对方不能有始有终及防范风险的条款。

人若要有所为，必须有所不为，像奇瑞公司海外战略的制定一样，在发展海外市场时，首先进军第三世界国家，集中精力，把这一部分的市场拿下。暂时超出了自己的能力范围之外的事，则量力而行。这样，奇瑞公司才能稳扎稳打地发展好海外市场。

鱼，我所欲也；熊掌，亦我所欲也。然而二者不可得兼，选择什么“而为”，什么“不为”，便成了大问题。在太多的取舍与诱惑面前，也许真应该静下心来，依据时间、环境和条件的变化，想一想“有所为，有所不为”的道理。对此，上海紫江企业的做法应该能给我们一点启示。

在上海房地产市场火爆时，众多上市公司纷纷以巨资介入甚至彻底转型房地产业，然而一些本地公司却逆流而上，从房地产投资中抽身退出，比如上海紫江企业。

之前公司董事会曾决定出资1470万元，与关联企业上海紫都置业合资成立上海紫业房产有限公司，开发沪闵路5481号地块，建设住宅小区。当时公司预计，可从中获得大约2485万元的收益，投资回报率高达169%。

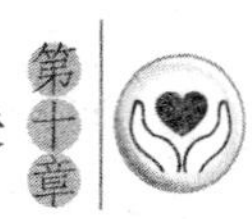

针对紫江企业的“撤退”，公司董事长认为，有所不为，是为了更好地有所为。他承认，房地产业有着极具诱惑的巨大市场空间和高额利润，当初公司董事会考虑到房地产业也是大股东紫江集团旗下四大产业之一，拟借助集团房产开发的经验和各类资源，进军房地产市场。但随着对项目的进一步了解和市场调研，公司董事会认为，拟开发地块面积较小，不能形成规模，项目建设难以适应市场需求，因而决定退出合作。再加上公司主业PET瓶及新材料的发展形势良好，所以本着稳健经营的原则，暂时放弃进军房地产业的打算，等有更大把握的时候再行切入。

在紫江企业的董事长看来“有所不为”的结果正是“有所作为”。往往，我们什么都不想舍弃的结果却是什么都没留下来。这个世界上大凡获得成功的人都会明白：真想有所为，必须清醒地有所不为。

值得我们去“有所为”的就拼尽一切努力去实现它吧，只要在你心里认为是值得的，那么中间所错过的一切都物有所值。不值得做的，或者说是不可能做成功的，就请保持一颗知足而从容的心去“有所不为”吧。有选择地退出和避让实在算不得什么损失，反而受益无穷。

但在做一切之前，我们必须要正确地认识自己，知道什么是自己真正喜欢的，什么是自己真正感兴趣的，知己知彼，方可百战不殆。对于一个“有所为有所不为”、知进退的人，生命的疆域将会更加宽阔而从容。

放下失败的负担，学会在跌倒处站起来

既然选择了实现理想，便只能风雨兼程地勇往直前。奋斗之路不是一条坦途，只有不怕失败，毫不懈怠地行进，才会听到胜利的号角声。

人生路上，失败并不可怕。失败乃成功之母，正是因为有了失败，我们才能守望成功。不怕失败，勇敢地从跌倒处站起来，才能获得一次又一次丰富的经验、深刻的教训，然后汲取其中的精华，从容地酝酿、成长。失败就是我们通往成功殿堂的踏脚石，它助我们一步一步从容地走向成功。

谁能否认鲜花永远和荆棘相生相伴，谁能否认阳光永远与风雨同生同灭，谁能否认成功永远与失败共进共退。不是世上的每一条河流都能够流入大海，不能汇入的变成了死湖；不是每一粒种子都能长成参天大树，不能发芽的便成了空壳；但是我们不是河流，也不是种子，只要不怕失败、不畏艰难、勇敢前进，我们就会拥有自己的天空。

要知道，有失即有得，只要我们能调节好自己的心态，从容自若地继续前行，我们就能从容地摆脱不利的局面，迎来沧桑后的艳阳天。香港"金利来"集团的主席曾宪梓正是在一次次失败后顽强地站起来，才成为了今天著名的"领带大王"。

曾经一个烈日炎炎的下午，曾宪梓饱受烈日暴晒之苦，汗流浃背地拎着两大盒领带，疲惫不堪地走在香港尖沙咀旅游区的洋服店兜售。他已经辛苦地奔跑了一个下午，跑了十几家店铺，却毫无所获。

当曾宪梓又走进一家洋服店时，那个洋服店的老板正在十分殷勤地做一位客人的生意。他不知道别人在做生意时，是不准他人打扰的，便拎着领带走进了店里。洋服店的老板像见到瘟神一样，恶狠狠地大声吼叫着把他赶了出去。

曾宪梓见到自己像要饭的乞丐一样遭人呵斥、被人驱赶，一种百感交集的酸楚涌上心头。没有人来抚慰他，帮助他，他以最快的速度擦去不断夺眶而出的热泪。但他没有半点退缩的余地，他独自舔着流血的伤口，依然重新展露出笑颜，继续走街串户，兜售领带。他敢于面对现实，对事业有着锲而不舍的奋斗精神，这些因素最终使曾宪梓成了一个赢家，建立起属于自己的领带王国。

曾宪梓的成功离不开他的不怕失败、顽强拼搏的精神，即使在最艰难的时候，曾宪梓也没有灰心丧气，反而不断地在失败中认真总结教训，迎难而上，化耻辱为动力，努力从跌倒处站起来。

在通往梦想的路上，我们每个人都会面临各种挑战和机遇，也会遭遇各种挫折和困难，这时候你的抉择、你承受挫折的能力，就是你未来的命运、日后从容生活的筹码。成功是一次埋伏着许多危险的旅程，只有不怕失败，才能笑到最后。李权福正是在不断地与挫折和失败的斗争中，一路从容地走向成功的。

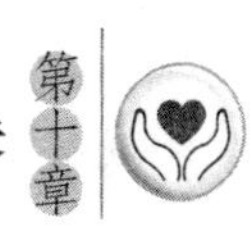

二十刚出头的李权福，成了家乡当时最红火的乡镇企业的一名职工。而后，他进入当时的造纸厂，从硫化工转为了一名车工，整天与车床打交道的他不仅有一个好身体，也有一个好脑袋。当时销售科在全厂招聘销售员时，李权福被聘上了，原因是他喜欢研究市场。当了销售员的李权福如鱼得水，除完成销售任务外，他还了解到许多制药厂需要大量药用玻璃瓶。他发现这是一个商机。

为了抓住这个商机，李权福行动了，和两个朋友在自家的院内开始了药用玻璃瓶的生意。他借了 2 万元做启动资金，请了几个懂玻璃制造的朋友搞起了玻璃瓶的生产。从图纸设计到生产包装都是小作坊式的作业，然而产品送交厂家后总是质量不合格，一次、两次、三次……失败、失败、还是失败……坚持还是放弃，思想斗争比制造产品还折磨人。到第五次宣告失败时，李权福在坚持还是放弃的问题上煎熬。如果就此放弃，借的 2 万元就会打水漂，就凭他当销售员的 300 多元的保底工资要还多少年？如果继续，到底能不能成功、多少次才能成功、还需要多少资金？这都是未知数。亲戚朋友间能借的都借了。

仅仅几天的时间，李权福就瘦了一圈。到第七次试验还是失败的结果时，家里人担心的不是他的成功与否而是怕他想不开了。此时，李权福感到自己已经没有退路，这次他“必须成功”。他不想再失败，也不能再失败。“三株口服液试验几百次才得以成功”的事例成了鼓励他继续下去的精神支柱。对他来说只有背水一战，继续坚持，从跌倒处爬起，才有出路。这回，永不服输、不怕跌倒的精神成就了他，经过 8 次的试制，他在简易作坊里生产的药用玻璃瓶终于问世了。李权福的创业之路也看到了成功的曙光。

正是因为不怕失败，他才对自己有了信心，能从跌倒处站起来。可以说，不怕失败给了李权福获得成功，赢得从容生活的机会。

在我们的人生道路上，失败无所不在，被失败所束缚、所困扰的人，将一败到底；被失败所激励、所鼓舞的人，将取得最终的成功。生活正是有失败和成功的交替，才变得丰富多彩，而我们也正是在失败的历练中才变得从容睿智。

李白诗云：长风破浪会有时，直挂云帆济沧海。无论面对何种失败，都不要忘了：从哪里跌倒了，就在哪里爬起来继续前进。没有失败的辛酸，哪有成功的甘甜？相信黑夜过后总会有黎明的来临，一时的失败或许是“塞翁失马，焉知非福”。凡事无绝对，失败并不可怕；怕的是你经历了一次打击，就再也站不起来，放弃了继续前行的信心。

遭遇失败，并不代表我们真的不行，也无需过多的嗟叹，凡事尽力而为，对得起自己就够了。也许你已失败一百次，一千次，甚至更多，但你千万别放弃，或许下一次你就成功了。要知道，每一次失败，就意味着我们能更从容地找到通向成功的那条路，所以不要害怕失败，一定要学会从跌倒处站起来！

把握分寸，也就是把握从容做人的艺术

懂得分寸就掌握了从容做人的艺术，每一步便能走得精确而坦然。把握好生活中的分寸，我们就能在聚散中拥有快乐，在起伏中拥有安心。

分寸是一种力量，能让你从容地安排生活，不至于手忙脚乱；分寸是一种悟性，能让你理清纷繁思绪，回归宁静；分寸是一种定力，能让你细细地品味生活，面露祥和。

分寸代表着一种含蓄。把握分寸，我们才能拥有“海阔凭鱼跃，天高任鸟飞”的勇气和信念，才能够真正体味到亲情的温馨、爱情的甜蜜、友情的永恒，也才能够在事业路上走得更远、更稳。饰演《重案六组》中“季洁”一角的王茜正是因为做人、演戏有分寸，才能从容地开创事业，游走人生。

作为《重案六组 3》的文学统筹兼编剧，王茜显然是对职场做了揣摩，因而成功饰演了季洁一角。季洁是一个能够带领出高效团队的职场女性——实干的职场灵魂人物、上司的优秀辅助者、全体职员精神上的慰藉者、年轻职员的领路人。王茜本人也表示，季洁在她心中最大的特点就是“分寸感”，而这一点也是她自己所具有的。作为二号人物，她既要帮新六组组长陶菲树立威信，同时又不能因为自己本身的经验动摇上司的权威，这个分寸要拿捏得准，才能从容地在上下级之间游刃有余地开展工作。

因此我们可以看出，《重案六组3》里的季洁并不像前两部那样处处亲力亲为冲在前线，她更多的是启发年轻干警，协助组长，不邀功不抢功，看到下属和上司的成功而由衷地感到开心，“其实我特别排斥很多人说《重案六组》是‘铁打的季洁，流水的六组，’一个季洁成不了事，在这个组里，谁都离不开谁。”王茜说，因为《重案六组》的编剧基本都是同一团队，编剧都对王茜的脾气秉性比较了解，知道她是个有分寸的女人，所以写季洁的时候大多参照了王茜的性格。

出演《重案六组》以来，不断成熟的王茜却让季洁在精干之下多了几分熟女气质。她的性格更为直接和从容，形象也比前两部来得更为真切感人。王茜认为，之所以很多观众喜欢季洁，喜欢自己，可能因为自己把季洁演出了警察的职业状态，而且分寸把握得比较真实。

一个剧本中的角色很多，有主角，也有配角。衡量演员的成功或失败，主要不在于充当的角色重不重要，而在于进入既定的位置后，演绎得是否分寸得当。像王茜这样有分寸的演员，才能演绎得从容而逼真，才能够赢得鲜花与掌声。

演戏如此，生活同样如是，我们在生活中演绎自己时也要把握好分寸，才能从容地渐入佳境。福耀玻璃集团董事长曹德旺的成功经便是对此的最好写照。

30岁之前的曹德旺一直在奋斗，一切可能的生意也都做过了，成了谁也算计不过的“人精”，也终于有了5万元“巨资”。此时他一有空就找书看，无论古今中外，入眼皆可读，读来皆入心。结合生活对照自身，举一反三触类旁通，聪明的曹德旺渐渐成了一个博古通今的“杂学家”。更聪明的是，曹德旺结合传统儒家思想为自己总结出了一套“成功、从容5字真经”：仁、义、礼、智、勇。仁是仁慈善良，是健康包容的心态；义，是道义责任，是敢于承受勇于担当的胸襟气度；礼，是礼仪，做人的分寸和对人对事应有的尊重；智，是智慧、眼界和看事情要有穿透力和前瞻性；勇，是敢于挑战未来，挑战自身极限的勇气。从此，这简单而深刻的5个字，成了曹德旺一生的座右铭。

后来，福清市高山镇成立了一家异形玻璃厂，四邻八乡中有名的“能人”曹德旺到厂里当了一名采购员。“我天生就是经商的料！”言及此，曹德旺笑得气定神闲。他靠吃苦耐劳跑遍天下，靠智慧、分寸与人交往，几年内将水表玻璃的供销做得风生水起。1983年，曹德旺承包了这个企业，当年赢利20万元。为什么能赚钱？“我是‘万员户’啊——什么都干过，采购员、推销员、财会人员、管理人员、运输人员、后勤人员等，没有人比我更清楚市场的需求是什么，没有人比我更清楚市场和企业管理该怎样结合，没有人比我有更广泛的社会关系，没有人做事比我更有分寸……”

曹德旺创业时就具备了这种王者之气、从容之气。当他还是一个农民时，就展开了一面“中国人应该有一片属于自己的汽车玻璃”大旗，聚集群英创业；一二十年后，以“为全球汽车玻璃专业供应商树立典范”为己任的福耀，已从籍籍无名变得一举一动牵动全球神经。每一个到过福耀的人，都会被那望不到边的巨大厂房和轰轰烈烈10年不停的生产场面所震撼。联想到曹德旺的从容，还有那随处可见的紧张忙碌的外籍工程师，每一个到过福耀的人都会相信，福耀不是在做玻璃，而是在实现中国人的强国之梦！

获得好人缘、好事业的第一准则、第一要义便是掌握为人处世的分寸，而曹德旺正是赢在分寸之上，如同他自己所说“没有人比我更有分寸”。有分寸的曹德旺任何时候都充满了旺盛的精力和斗志，因而能从容地走向自己人生的巅峰。

生活中为人处世、待人接物，无不渗透着对分寸的掌握，我们通常所说的“过犹不及”、“欲速则不达”等讲的都是“分寸”的问题。一个人若能说话得体、轻重适宜、进退有据、合情合理、办事得当、交往有度、待人有礼，必然会有一个良好的人际关系，做起事来也必然从容而又得心应手。

分寸感是我们从容做人的标志之一。拥有分寸感，我们便能在人生的迷雾中坚定前行、寻求突破，在困厄中顽强不屈、守护理想；拥有分寸感，我们便能真正拥有自我，从容地笑看死与生，聚与散，贫与富……

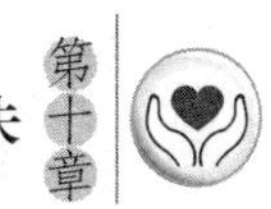

放下张扬的个性，做人要懂得收敛

沉淀生命的躁动，收敛性格的张扬，抑制感情的喧嚣，浓缩人生的风采，以一颗从容的心，去叩响成功的门铃。

古语云："藏巧于拙，用晦而明，寓清于浊，以屈为伸。"因此，在中国传统文化里，自古就提倡财不外露，美不张扬；在传统审美观上也是追求水中望月，雾里看花。这体现在生活中正是懂得"收敛"的从容态度。

"收敛"，是一种人生态度，是对自己的一种约束，是安身立命、明哲保身的法宝，是一种对社会、对别人的尊重，也是对社会现实、人生状态的一种顿悟。懂得"收敛"的人，才会"胜不骄、败不馁"；懂得"收敛"的人，才会赢得社会和别人的尊重。如孙升民，事业有成，功成名就之后仍懂得收敛，而他也因此拥有了更广阔的发展前景。

初中毕业的孙升民，一开始从事的是修鞋行当，而后创办了精开关厂、中美合资企业，现在是该企业集团的董事长、总裁。孙升民从昔日小小修鞋匠起家，几经奋斗一手创办了属于自己的集团公司，终成资产超过亿万美元的年轻富豪。

当成功带给孙升民越来越多的荣誉和头衔时，孙升民去掉了名片上众多的"名号"，选择了收敛、低调地做人，专心致志地做企业。收敛是孙升民做人的智慧，眼光是孙升民成功的源泉。

在他的家乡，他最早扛起质量的大旗，最先提出品牌的口号，最及时地通过"股权释兵权"的资本手段为百亿企业集团搭好了框架……胆识和收敛为孙升民堆砌了成功的台阶。以集团品牌整合家乡数十家同行，用统一的营销分公司取代游击队式的营销代理商……每一次的突破都是孙升民的收敛、低调支撑着他和集团前进。

从一个小规模作坊发展到了百亿资产的集团，孙升民是这样解释的：收敛做人，从容处事。他秉持了这样的信念，用自己的财富为教育和慈善事业贡献着力量，用自己的企业为民营经济的繁荣、民族品牌的辉煌贡献着力量，同时也为自己赢得了世人的尊敬。

孙升民懂得收敛，因此他摈弃了轻佻浮华，摈弃了肤浅媚俗，没在得意时忘乎所以、恣意挥洒，而是带着一颗从容之心继续创业、不断前行。

即使一个很有能力的人，若过度爱慕虚荣、时刻想着出风头，也只会招来别人的妒忌，导致事业受挫，甚至被撞得头破血流。韩信最终丢掉自己的性命，也是因为他不懂“收敛”，而被“枪打出头鸟”。

很早以前，蒯通就对韩信说过：“勇略震主者身危，而功盖天下者不赏。”也就是说，一个为人之臣，如果才智、能力和功劳都大到无以复加的地步，他也就性命难保了。为什么呢？因为所谓君臣关系，诚如韩非子所言，是“主卖官爵，臣卖智力”。双方的关系之所以能够维持，全在于人君手上有足够用于封赏的官爵，而人臣的智力又总是不够用，或总是有用武之地。如果某个人臣的智力和功勋已大得赏无可赏，这个买卖就做不下去了。因为，再下一步，便只有请人君让出自己的交椅，这是任何一个稍有头脑和稍有能力的君主都断然不能接受的。刘邦和韩信的关系便正是这样。所以，刘邦非除掉韩信不可。

在韩信被变相软禁的日子里，刘邦经常找韩信聊天，十分悠游从容地和韩信议论诸将的才能。有一次，刘邦问韩信，像我这样的，能带多少兵？韩信说，超不过十万。刘邦又问：你呢？韩信说，多多益善。刘邦就笑了，好好好，多多益善，怎么被我抓起来了？韩信说，陛下不善驾驭兵士，而善于驾驭将领，这就是我韩信斗不过陛下的原因。再说陛下是天才，哪里是人才比得上的（陛下所谓天授，非人力也）！其实，话说到这个份上，韩信就实在太不懂收敛，该反思一下了。所谓“天授”，是指“天子”（君权神授）还是“天才”（天纵聪明），可以先不管，“善于驾驭将领”一说，则值得琢磨。

刘邦确实善于驾驭将领，也确有领袖的天分。但驾驭将领之法，其实不难，无非知人善用再加恩威并重而已，既要懂得“重赏之下，必有勇夫”，也要懂得“杀一儆百”。反正，赏也好，罚也好，该出手时就出手，绝不能手软。因此，在驾

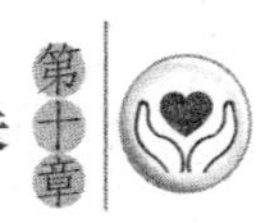

驭将领的过程中，杀鸡给猴看，总是免不了的。韩信就是一只会打鸣的红毛大公鸡。杀与不杀，就看猴子跳不跳，也看公鸡乖不乖。可惜韩信并没有想到这些。他似乎丝毫也没有想到，刘邦对他，正处于杀与不杀的两难之间。不杀，留着终是个危险；杀，一时半会还下不了手。

如果这时韩信收敛一下自己，夹着尾巴做人，甚至干脆告老还乡，也许还能全身而退。然而韩信一点都不懂收敛。他常常称病不朝，这些言行，都表现出韩信对刘邦的处置是不服、不满、有怨、有恨的。这在韩信自己，是因为受了委屈，但在刘邦眼里，则是“不臣之心”，必须翦除。

做人，一定要谦虚低调。喜欢炫耀的人通常都会遭人妒忌，更可能丢失性命。懂得收敛不是故作姿态的镇定，不是矫情刻意的低调；而是处变不惊、临危不乱的自如，是在挫折屈辱中从容对待、在青山绿水间信然踱步，在谦虚和避让中海阔天空。

一个懂得收敛的人，不会没有困难，但他不会困窘；一个懂得收敛的人，不会没有危急，但他不会急躁；一个懂得收敛的人，不会没有精彩，但他不会自满。学会用收敛的步履，用成熟、舒缓而美丽的心境漫步人生路，才能从容地走好每一步，才会感受到春风拂面的怡然自得，尽享轻松的每时每刻！

对生活充满热情，让精神归属快乐

热情是快乐的秘方，是成功的催化剂。如果你是一汪充满热情的活水，你就拥有了日新月异的动力，你就拥有了热情四射的活力。

从容的人大都是热情的人，然而生活中充满了被平淡和沉闷消磨了热情的人。上班族中很多人都是两点一线，朝九晚五，重复着简单无聊的日子。等到有一天突然回头，你会发现自己已过而立之年却依旧碌碌无为，只能勉强维持生存，不知道何为快乐。

这样的人未免被渲染得太过可悲，但由生存向生活过度，很多人却实实在在用完了一生。这个过程不可谓不漫长，期间的酸甜苦辣，不用深究，每个人都深有感怀。

每一天清晨的霞光下，在一个个忙碌的身影中，有你，有我。一天如此，一年如此，一生都会如此。谁对生活更拥有热情，更懂得品味和享受，无疑，他就越容易寻找到快乐的足迹。

杰克是美国一家麦当劳的员工，每天的工作就是不停地做很多相同的汉堡，没有什么新意，但是他仍然非常快乐，从来都是用满怀善意的微笑热情地迎接他的顾客，几年来一直如此。他的这种真挚的快乐，感染了很多人。有人不禁问他，为什么对这样一种毫无变化的工作感到快乐？究竟什么让他充满热情？

杰克回答道，我每做出一个汉堡，就知道一定会有人因为它的美味而感到快乐，我也从中感到了我的作品带来的成功，这是多么美好的事情。我每天都会感谢上天给我这么好的一份工作。

由于杰克的快乐心情，这家店的生意越来越好，名气也越来越大，最后终于传到了麦当劳公司总管的耳朵里，于是，杰克得到了总公司的一个重要职位。

与杰克想法相反的是他的表弟奎尔，他是一家汽车修理厂的修理工，从进厂的第一天起，他就开始生气：修理这活儿太脏了，瞧瞧我身上弄的，而且没有高额的薪水。每天他都是在不满的情绪中度过，认为自己在像奴隶一样卖苦力。他每时每刻都窥视着师傅的眼神与行动，稍有空隙，他便伺机偷懒耍赖，应付手中的工作，并且总是期待下班的时间。

转眼几年过去了，一同进厂的几个工友，各自凭借精湛的手艺，或另谋高就，或被公司送进大学进修，独有他自己，仍旧在做着讨厌的修理工作，仍旧沉浸在无法升迁的痛苦之中，碌碌无为地应付每一天。原来，缺乏热情、失去快乐的最大受害者，就是自己。

对于一个普通人来说，即便你坚信自己才华横溢，但如果你缺乏热情，你也只能停留在表面工夫的作业上，做一天和尚撞一天钟，既享受不到工作所带来

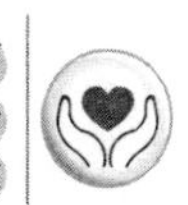

的乐趣，也不会有任何升迁的机会光顾你。

生活中需要热情，快乐更是由热情点燃的。当你对生活全身心投入的时候，那份专注的热情就会持久地温暖你的心，使你获得燃烧着的快乐和付出后的满足。

在很多的眼中，石头就是石头："它不说话、不唱歌、不生气、不兴奋、不做梦、不旅行、不期待未来、不挂念往事、不恋爱。它什么事也不做，只固执地想当个真正的石头。"最后的结论是："石头真无聊。"

但在台湾著名艺人杨林的眼里，石头却是这样的："石头说自己的话，唱自己的歌；它生气时只有自己知道，兴奋时非常低调，做梦时不让你知道。"正是这种对待生活积极热情的态度，造就了一个不同于传统观念上的艺人。

杨林宣布挥别演艺转行画画的时候，曾引起了一阵哗然，很多人都对她的"挥别"与"转行"感到不可思议。不过，杨林却平静地向大家说道："我只是选择一个让自己灵魂快乐起来、简单自在的工作罢了。"她坚信，对生活、对画画保有热情，所得到的快乐远比名誉和金钱要多得多。

但她的经纪人不死心，多次上门来说服她："你看啊，随便拍个广告，15 分钟就可以赚 10 万，你干吗不拍啊？"杨林坚决地一口回绝了，依旧执著地以画画为生，她曾以"撒旦"来形容这种赚钱的快乐与奇妙。

在某次画展结束的时候，杨林微笑着对人说道：一张画，少则要画个把月，多则要画两三个月，最后顶多也就卖个几万台币，相比起拍广告来是有些少了；可是呢，如果接拍广告的话，不但要老早从床上爬起来梳头、化妆，打扮美丽，还要一个劲儿地对着大家露出牙齿来强装着微笑，虽然转眼就有 10 万元的台币了，可以肆无忌惮地去买名牌、吃美食，然后骗自己说这样活着其实还不错……但实际上，精神上的空虚，又有谁能够看得到呢？

后来，杨林把自己的轿车卖掉了，而且还表示说，如果未来求学的经费不够了，就连房子也会卖掉的。她说："我很快乐，快乐就是做自己想做的事情。"

只有金钱才能缔造快乐，这在很多人的观念里已经根深蒂固。对于那些重视物欲享受的人来说，杨林是个不折不扣傻子，然而这却是一个真真正正会享受快乐的“傻子”，是一个让自己的精神归属快乐的人。她深深地懂得：在短若朝露的人生岁月里，只有把真实的自我释放出来，才不会辜负自己、才能拥有快乐的人生。

热情是快乐的秘方，是成功的催化剂。黑格尔有句名言：“我们可以肯定地说，世界上的伟大事物都是靠热情来成就的。”一个精神萎靡不振的人绝对不会成为成功的人；一个怨天尤人的人也绝对不会获得快乐的体验。

“问渠哪得清如许？为有源头活水来。”如果你是一潭死水，就只能等着变臭、腐烂、干涸；如果你是一汪充满热情的活水，你就拥有了日新月异的动力，你就拥有了热情四射的活力，你就有了从容面对生活的快乐心境。

摔倒了几次，就要爬起来几次

一次又一次的“失败”让你在蜕变中拥有破茧而出的美丽，成长就是跌倒后一次次地站起，只要站起来的次数比跌倒的次数多，你就是最终的胜利者。

每天睁开眼，很多人都已经欠下了一笔实实在在的账单。从家里到公司来回开车的油费、过路费、停车费、车辆保养费、饭费，再加上抽烟等一些小项目的花费，不排除偶尔同事聚餐和请客吃饭，一天下来，与自己的日薪相比，已经透支了很多。

这就是目前一部分人的生存现状。是他们懂得享受生活，还是生活给予他们很多无奈的选择呢？不管你是新员工还是老领导，金钱给每个人都会不同的压力。在高喊追求理想的口号下，与金钱齐头并进，让金钱成为工作和生活的保障，这是很多人无奈和现实的选择。

因此，我要成功，我要赚钱的话在很多有志向的年轻人的心中不断呼喊着，他们渴望成功女神的垂青，渴望机遇女神的怜悯，但又都害怕会遭遇困难和挫折的煎熬。不同的生存压力让他们面临困难、机遇、挑战时，拥有不同的选择。

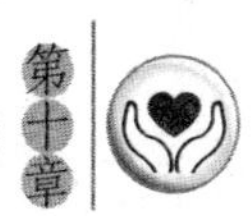

很多人已经习惯了高喊口号，调侃自己的理想，让嘴皮子过过瘾，到最后还是尽快地洗洗睡了。在舒适的小被窝里感受着生活已有的温暖。

再往前跨出一步，真的有那么难吗？人生的那份从容之感，是逃避能够获得的吗？如果你害怕跌倒，只会把困难的影子拉得太长了，覆盖住了你激动和渴望的心？

一个阳光灿烂的午后，约翰和几个好朋友一起去郊外爬山。

山清水秀，鸟语花香。约翰等人玩得非常尽兴，不知不觉地就忘记了时间，等到发现太阳已经落山的时候，这才慌了神。

“如果沿着来时的路返回去，至少需要三个多小时，那样的话就太晚了；咱们干脆走近路吧，一个小时就可以下山了，但途中要跨过一条河沟……”夜色昏暗中，有人提出了这样的建议，很快获得了一致的赞同。

很快，约翰一行人就来到了那条河沟前。河沟大约有几米深，还流着哗哗的溪水，在杳无人烟的山林中格外地刺耳。“跳，还是不跳？稍有不慎，就有可能掉进河沟里去……”约翰等人犹豫着，徘徊着，迟迟拿不定注意。

天色更加暗了。终于，约翰狠了狠心，招呼着大家：“没办法了，咱还是跳吧。”说完，弯腰拾起一根木棍，小心翼翼地横放在河沟的两岸之间：“看吧，河沟也就这么宽，咱们用点力就可以跳过去了。”

看到大家还有些犹豫，约翰就向后退了退，然后紧跑几步，“噌”地跳了过去。“来吧，很容易就过来了……”在约翰的鼓励之下，几个人也学着他的样子，后退了退，再紧跑几步，借着惯性作用跳过了河沟去。

重新走在山间小路上，大家嘻嘻哈哈地说笑开了。只听约翰坚定地说着：“别看那河沟有些可怕，但还是被咱们征服了。所以说，有些困难并不可怕，可怕的只是我们心中的想象，如果能大胆地鼓起勇气来，是没有什么困难不能被战胜的！”

没什么苦难是不能战胜的，心底里存有这样的呼唤，全身就会充满干劲。面对同一个必须做出的选择，有的人看不到成功的曙光，看到的只是畏惧和跌倒，于是就心灰意冷，感叹时运不济，感慨成功路遥。其实，成功远远比他们想象得要简单！就像那个孩子勇敢地做出的决定一样，跨过去，成功就是这么简单地来临了。

在生存中,你可以很平凡,只是芸芸众生中的一员,每天朝九晚五奔波于公司与家庭的两点一线之间,疲于奔命;你可以相貌平平,不受美女的青睐,不在大庭广众之下轻易表现自己。但是你不可以自甘平庸。你需要牢记:平凡不等于平庸。你也一样可以优秀,可以卓越,可以创造属于自己的轰轰烈烈的人生。

害怕遇到困难,担心一次次跌伤,甚至失去现有的一切吗?看看倒霉的林肯吧!这样的话,你的心理会平衡很多。

21岁,做生意失败;22岁,角逐州议员落选;24岁,做生意再度失败;26岁,爱妻去逝;27岁,一度精神崩溃;34岁,角逐联邦议员落选;36岁,角逐联邦议员再度落选;45岁,角逐联邦参议员落选;47岁,提名副总统落选;49岁,角逐联邦参议员再度落选;52岁,当选美国第16任总统。大声对你自己说:我不相信,我不能成功!

一个人就是这样在一次又一次"失败"的蜕变中破茧而出了美丽!更何况,我们一般人都没有机缘饱尝如此之多的"失败"的辛酸,就已经叩响了成功的大门。因为,我们的成功并不是要问鼎白宫当总统,我们的目标只是为了加薪,为了升职,为了衣锦还乡的荣光……这些成功离我们更近,更容易一些,只要你肯努力,似乎唾手可得。

成长就是跌倒后一次次地站起,只要是站起来的次数比跌倒的次数多,你就是最终的胜利者。有人把成功比作空气,如果你像需要空气、渴望空气一样渴望成功的话,它就会推动你快速地成长。还有人说成功像极自己的恋人。首先,你之所以追求她,是因为你发自内心地爱慕她、喜欢她。既然决定追她,那么你就要做好遇到挫折乃至遭拒绝的准备,需要做好吃苦受罪的准备,需要"衣带渐宽终不悔,为伊消得人憔悴"的勇气。接下来,要想真正追到她,你还需要讲究战略和战术,同时,多少次跌倒,然后再多少次站起,只为能够与她距离绝越来越近。

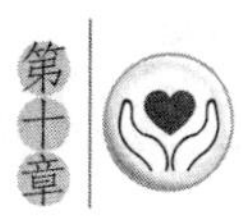

给生活一个笑脸，给自己一个安慰

每个人的生活都不会尽如人意。不是因为生活对你刻薄，而是你很难找到一个合适的基点，来比较命运的公平与否。

年轻时，人生是漫长的，因为他拥有各种版本的希望和明天。对于老人来说，它如一部历史悠久的老电影，每次一个人静静地坐在那里观看，其中的情节看似熟悉，但又如此遥远。卢梭说，生活的理想，就是为了理想的生活。把理想当做生活的人，无疑具有很高的人生境界。对于从容的人来说，如果你选择平凡地感悟生活，也可以在自己的人生轨迹上描绘迷人的风景。

生命是多彩的，它对每个人都是平等的，关键是看你如何把握生活，享受生命。用微笑来面对生活，即使在寒冷的冬天也会感到生活的温暖，漆黑的午夜也会看到希望的曙光。用微笑来面对生活，用微笑来面对每个人、每件事，你就会感受到阳光灿烂，迎接你的必定是一路的鸟语花香。

俄国诗人普希金说过："假如生活欺骗了你，不要悲伤，不要心急，忧郁的日子里需要镇静，相信吧，快乐的日子将会来临。"如果生命没有给予你完美与幸福，那你更要以笑容来面对。

有一个出生在普通家庭的小男孩，很不喜欢被父母严加管束的僵硬生活，就时常地反抗和故意捣蛋，于是严厉的父亲就想了个法子来"对付"他。

这一天，父亲把小男孩叫到了身边，对他说："我有个要紧的口信，你赶紧把它送到警察局去！"说着，从口袋里摸出了一张纸条来。

小男孩二话没说，接过纸条拔脚就往警察局跑去。见到一个警察，小男孩迫不及待地把纸条交了上去。没想到，警察看完纸条之后什么话也没说，揪起小男孩就把他拖进了一间黑黝黝的屋子里。

小男孩吓坏了，使劲儿地拍打着屋门号啕大哭起来，但是却没有人来理他，四周只回荡着他那惊恐无助的哭声。

“我到底犯了什么罪呢?”小男孩不明白,越想越怕,越害怕越紧张……

也不知道过了多久,小男孩被释放了出来,只见那个警察凶巴巴地说道:“小家伙,知道为什么把你关起来吗?告诉你,我们就是专门对付像你这样的顽皮小孩的。”

这个时候,小男孩才明白原来是父亲让警察把自己关押起来的。

不过,虽然被关押了几天,但惩罚似乎并未因此而结束。紧接着,父亲又把小男孩送进以严格著称的圣那休格公学,这里的体罚是所有小朋友的噩梦——每犯一次错,都要打六下手板。于是,隔三差五的,小男孩的双手总被打得红肿不堪。

就这样,一连串的可怕经历,深深地烙印在了小男孩的童年记忆之中,而且还严重地影响着他长大成人之后的生活——每天都生活在一片阴影之下,恐惧、紧张、焦虑,构成了他性格中最重要的部分。

20岁的时候,他进入电影界,但却一直无法成名,为此常常苦恼不已。27岁那一年,他突发奇想地把自己对世界深深的恐惧、紧张、焦虑,对极度礼教压抑下滋生的反叛和变态心理,作为一种“另类”的电影元素融入作品中去,结果竟然出人意料地大获成功。

他就是世界著名的悬念大师——“现代恐怖片之父”希区柯克,一生共拍了53部电影,几乎部部著名,其中尤以《精神病患者》等经典影片为他赢得了世界性的无上声誉。

生活,需要你用心理解,用心感悟。在某一时刻,尽早地发现它的真实,在拥有平和的心境、理性的思维的同时,给它以微笑,你就很容易越过障碍,注视将来。

在大文学家雨果的眼里,生活,就是自己身上有一架天平,在那上面衡量善与恶。生活,就是有正义感、有真理、有理智,就是始终不渝、诚实不欺、表里如一、心智纯正,并且对权利与义务同等重视。生活,就是知道自己的价值,知道自己所能做到的与自己所应该做到的。

能够如此透彻、理智地理解生活、面对生活,实属不易。而现实生活中的我们,特别是对于二十几岁的年轻人,在不能懂得生活的真谛时,把握好自己的人生,给自己以鼓励和宽慰,积极地行走在艰辛的生活路上,幸福的道路就会越走

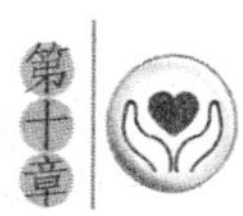

越宽。

美国的著名歌唱家卡丝·戴莉有一副动人的歌喉，唱起歌来婉转美妙，像百灵鸟一样，但她却长着一口龅牙，十分难看。她在参加歌唱比赛时，总是顾及自己难看的龅牙，尽力避免将口张得太开，一方面要放声歌唱，一方面又要极力掩饰自己的缺点，所以她的表演失败了。几乎每次参赛都是如此，她渐渐对自己感到绝望了。只有一个评委发现了她的歌唱天赋，告诉她："你有唱歌的天才，你会取得成功，但你必须忘掉自己的龅牙。"在这位评委的帮助下，卡丝·戴莉渐渐走出自己龅牙的心理阴影，终于在一次全国性的大赛中，以极富个性化的演唱倾倒了观众、征服了评委，进而脱颖而出。

生活需要你有一颗从容之心，每个人的生活都不会尽如人意。不是因为生活对你刻薄，而是你很难找到一个合适的基点，来比较命运的公平与否。

参考文献

[1]星云大师.人生就是放下:星云大师人生开示[M].兰州:甘肃人民美术出版社,2014.

[2]宋默.人生没什么不可放下:弘一法师的人生智慧[M].北京:团结出版社,2014.

[3]凉月满天.一放下你就赢了[M].成都:成都时代出版社,2016.